高等数学同步辅导(下册)

马 燕 主 编

任秋艳 蒙 頔 姚小娟 副主编
李建生 郭中凯

清华大学出版社

北 京

内 容 简 介

针对高等数学这门课程中涉及的概念、公式、定理抽象难懂，解题方法多样，学习难度系数大的现状，我们编写了这本与高等数学课程配套的同步辅导书.

本书分为上、下两册，共 12 章，以小节为单位编写. 每章以"本章知识导航"开篇，简明扼要地总结了每章的主要学习内容，然后按节展开，每节中包括重要知识点，典型例题解析和课后练习题. 其中"重要知识点"部分归纳总结了每小节的主要内容，包括基本概念、性质、定理、公式、基本解体方法等；"典型例题解析"部分精选具有代表性的例题进行分析讲解，示范做题方法和技巧；"课后练习题"部分按难易程度分为基础训练和能力提升两级，其中基础训练题主要用于学生课后夯实基础，提升能力题主要用于加强学生对知识点的应用.

本书可作为理工科院校高等数学课程的教学参考书和学习指导书.

图书在版编目(CIP)数据

高等数学同步辅导(下册)/马燕主编. —北京：清华大学出版社，2017　(2020.8重印)
ISBN 978-7-302-48461-5

Ⅰ. ①高…　Ⅱ. ①马…　Ⅲ. ①高等数学—高等学校—教学参考资料　Ⅳ. ①O13

中国版本图书馆 CIP 数据核字(2017)第 225957 号

责任编辑：陈立静
封面设计：李　坤
责任校对：吴春华
责任印制：刘海龙
出版发行：清华大学出版社
　　　　　网　　　址：http://www.tup.com.cn, http://www.wqbook.com
　　　　　地　　　址：北京清华大学学研大厦 A 座　　　邮　　编：100084
　　　　　社 总 机：010-62770175　　　　　　　　　邮　　购：010-62786544
　　　　　投稿与读者服务：010-62776969, c-service@tup.tsinghua.edu.cn
　　　　　质量反馈：010-62772015, zhiliang@tup.tsinghua.edu.cn
　　　　　课件下载：http://www.tup.com.cn, 010-62791865
印 装 者：北京国马印刷厂
经　　销：全国新华书店
开　　本：185mm×260mm　　印　张：10.25　　字　数：240 千字
版　　次：2017 年 9 月第 1 版　　　　　　印　次：2020 年 8 月第 4 次印刷
定　　价：26.00 元

产品编号：076945-01

前　言

　　本书是在顺应教学改革发展的需求下，为与高等院校"高等数学"课程配合而编写的教学参考书和学习指导书，对于优化学生的知识结构、培养学生的逻辑思维能力、提高学生的数学素质起着重要的作用，同时也为后续课程的学习打下坚实的数学基础.

　　本书除具有基本知识点全面、阐述解释清楚易懂等特点外，还具有以下特色.

　　(1) 内容按章节展开，理论知识体系完整，按板块构建框架，条理清楚，层次分明，突出了辅导书的实用性功能；

　　(2) 知识点总结紧扣大纲，力求概念阐述准确，符号使用规范，公式书写简明；

　　(3) 例题的选编具有针对性，分析解答全面准确，对解题方法起到很好的示范作用；

　　(4) 课后习题分级选编，兼顾不同水平的读者需求.

　　本书由马燕任主编，章节具体编写分工是：马燕编写第 1、4、5、6、9 章；姚小娟编写第 2、3 章；任秋艳编写第 7 章；李建生编写第 8 章；蒙顿编写第 10、11 章；郭中凯编写第 12 章.

　　本书的编写得到了兰州理工大学技术工程学院的大力支持与帮助，在此表示衷心的感谢。

　　由于作者水平有限，时间比较仓促，书中难免有疏漏及错误之处，敬请读者及同行批评指正.

编　者

目　　录

第8章 向量代数与空间解析几何

本章知识导航：

向量代数
├─ 向量的概念(定义、模、方向角、方向余弦、单位向量)
├─ 向量的运算(向量的坐标表示式、线性运算、数量积、向量积、混合积)
└─ 两向量的夹角及垂直、平行的条件

空间平面与直线
├─ 空间平面方程(点法式、一般式、三点式、截距式)
├─ 空间直线方程(标准式、一般式、参数式、两点式)
├─ 直线与平面的相互位置(二直线、二平面、线面角及平行、垂直)
└─ 距离公式(点到直线、点到平面、二直线之间的距离)

空间曲面与曲线
├─ 曲面方程(旋转曲面、柱面)
├─ 曲线方程(一般式、参数式；空间曲线在坐标面上的投影)
└─ 二次曲面(球面、椭球面、抛物面、双曲面)

8.1 向量及运算

8.1.1 重要知识点

1. 空间直角坐标系

(1) 坐标轴：三条过空间一定点 O，且两两垂直的具有相同的长度单位的数轴，分别记为 x 轴(横轴)、y 轴(纵轴)、z 轴(竖轴)，统称为坐标轴.

(2) 空间直角坐标系：由 x 轴、y 轴、z 轴构成的 $Oxyz$ 坐标系. 通常把 x 轴和 y 轴配置在水平面上，而 z 轴则是铅垂线，数轴的正方向通常符合右手法则.

(3) 坐标面：在空间直角坐标系中，由任意两个坐标轴所确定的平面称为坐标面，分别为 xOy 面、xOz 面、yOz 面.

(4) 卦限：三个坐标面把空间分成八个部分，每一部分称为卦限. 共八个卦限，依次记为 Ⅰ，Ⅱ，Ⅲ，Ⅳ，Ⅴ，Ⅵ，Ⅶ，Ⅷ卦限.

2. 向量的概念

(1) 向量：既有大小、又有方向的量称为向量. 起点为 A 点、终点为 B 点的向量记为 $\overrightarrow{AB}$.

(2) 向径：以坐标原点为始点的向量.

(3) 自由向量：与起点无关的向量，简称向量.

(4) 向量的模：向量的大小. 向量 $\boldsymbol{a}$，$\overrightarrow{AB}$ 的模记为 $|\boldsymbol{a}|$，$\left|\overrightarrow{AB}\right|$.

(5) 单位向量：模等于 1 的向量.

(6) 零向量：模等于 0 的向量，记作 $\boldsymbol{0}$. 零向量的方向可以看作是任意的.

(7) 向量相等：如果向量 $\boldsymbol{a}$ 和 $\boldsymbol{b}$ 的大小相等，且方向相同，则说向量 $\boldsymbol{a}$ 和 $\boldsymbol{b}$ 是相等的，记为 $\boldsymbol{a}=\boldsymbol{b}$. 相等的向量经过平移后可以完全重合.

(8) 向量的平行：两个非零向量 $\boldsymbol{a}$ 和 $\boldsymbol{b}$，如果它们的方向相同或相反，就称这两个向量平行. 记作 $\boldsymbol{a}\ /\!/\ \boldsymbol{b}$. 零向量与任何向量都平行.

3. 向量的坐标

(1) 空间点 M 的坐标：过空间的一点 M 分别作垂直于 x 轴、y 轴、z 轴的三个平面，它们与 x 轴、y 轴、z 轴的交点在 x 轴、y 轴、z 轴的坐标依次为 x、y、z，则 M 点在此空间直角坐标系中的坐标为 x(横坐标)、y(纵坐标)、z(竖坐标)，记作 $M(x,y,z)$. 空间点 M 与有序数组 x，y，z 之间是一一对应的关系，所以，空间点 M 的坐标在同一坐标系中也是唯一的.

(2) 空间两点间的距离公式：设 $M_1(x_1,y_1,z_1)$，$M_2(x_2,y_2,z_2)$ 为空间两点，则两点距离为 $d=\left|M_1M_2\right|=\sqrt{(x_2-x_1)^2+(y_2-y_1)^2+(z_2-z_1)^2}$.

(3) 基本单位向量：在空间直角坐标系中，记 $\boldsymbol{i}$，$\boldsymbol{j}$，$\boldsymbol{k}$ 分别为沿 x，y，z 轴方向的单位向量，称为这一坐标系的基本单位向量.

(4) 向量的坐标：设空间向量 $\boldsymbol{a}=\overrightarrow{M_1M_2}$，$M_1(x_1,y_1,z_1)$，$M_2(x_2,y_2,z_2)$，则向量 $\boldsymbol{a}=\overrightarrow{M_1M_2}$ 的坐标表达式为 $\boldsymbol{a}=\overrightarrow{M_1M_2}=(x_2-x_1)\ \boldsymbol{i}+(y_2-y_1)\ \boldsymbol{j}+(z_2-z_1)\ \boldsymbol{k}=\{x_2-x_1,y_2-y_1,z_2-z_1\}$.

4. 向量的模、方向角、投影

(1) 向量的模：$|\boldsymbol{a}|=\left|\overrightarrow{M_1M_2}\right|=\sqrt{(x_2-x_1)^2+(y_2-y_1)^2+(z_2-z_1)^2}$.

(2) 向量的方向角：如果非零向量 $\boldsymbol{a}$ 与三条坐标轴的正向的夹角分别为 α，β，γ，且 $0\leqslant\alpha\leqslant\pi$，$0\leqslant\beta\leqslant\pi$，$0\leqslant\gamma\leqslant\pi$，则称 α，β，γ 为向量 $\boldsymbol{a}$ 的方向角.

(3) 投影：向量 $\boldsymbol{a}$ 在坐标轴上的投影为

$a_x=|\boldsymbol{a}|\cos\alpha$，记作 $\mathrm{Prj}_x\boldsymbol{a}$ 或 $(\boldsymbol{a})_x$

$a_y=|\boldsymbol{a}|\cos\beta$，记作 $\mathrm{Prj}_y\boldsymbol{a}$ 或 $(\boldsymbol{a})_y$

$a_z=|\boldsymbol{a}|\cos\gamma$，记作 $\mathrm{Prj}_z\boldsymbol{a}$ 或 $(\boldsymbol{a})_z$

即为 $\boldsymbol{a}$ 的坐标.

(4) 方向余弦：称 $\cos\alpha$，$\cos\beta$，$\cos\gamma$ 为向量 $\boldsymbol{a}$ 的方向余弦，即为

$$\cos\alpha = \frac{a_x}{\sqrt{a_x{}^2 + a_y{}^2 + a_z{}^2}}，\quad \cos\beta = \frac{a_y}{\sqrt{a_x{}^2 + a_y{}^2 + a_z{}^2}}，\quad \cos\gamma = \frac{a_z}{\sqrt{a_x{}^2 + a_y{}^2 + a_z{}^2}}$$

且 $\cos^2\alpha + \cos^2\beta + \cos^2\gamma = 1$

5. 向量的线性运算

(1) 向量的加法：设有两个向量 $\boldsymbol{a} = \{a_x, a_y, a_z\}$ 与 $\boldsymbol{b} = \{b_x, b_y, b_z\}$，平移向量使 $\boldsymbol{b}$ 的起点与 $\boldsymbol{a}$ 的终点重合，此时，从 $\boldsymbol{a}$ 的起点到 $\boldsymbol{b}$ 的终点的向量称为向量 $\boldsymbol{a}$ 与 $\boldsymbol{b}$ 的和，记作 $\boldsymbol{a} + \boldsymbol{b}$，两个向量 $\boldsymbol{a}$ 与 $\boldsymbol{b}$ 的差记为 $\boldsymbol{a} - \boldsymbol{b} = \boldsymbol{a} + (-\boldsymbol{b})$，向量的加法满足三角形法则和平行四边形法则.

(2) 坐标表达式为

$$\boldsymbol{a} + \boldsymbol{b} = (a_x + b_x)\boldsymbol{i} + (a_y + b_y)\boldsymbol{j} + (a_z + b_z)\boldsymbol{k}，$$
$$\boldsymbol{a} - \boldsymbol{b} = (a_x - b_x)\boldsymbol{i} + (a_y - b_y)\boldsymbol{j} + (a_z - b_z)\boldsymbol{k}$$

(3) 向量与数的乘法：向量 $\boldsymbol{a}$ 与实数 λ 的乘积记作 $\lambda\boldsymbol{a}$，规定 $\lambda\boldsymbol{a}$ 是一个向量，它的模 $|\lambda\boldsymbol{a}| = |\lambda||\boldsymbol{a}|$，它的方向当 $\lambda > 0$ 时与 $\boldsymbol{a}$ 相同，当 $\lambda < 0$ 时与 $\boldsymbol{a}$ 相反，当 $\lambda = 0$ 时，$|\lambda\boldsymbol{a}| = 0$，即 $\lambda\boldsymbol{a}$ 为零向量，方向可以是任意的. 坐标表达式为 $\lambda\boldsymbol{a} = (\lambda a_x)\boldsymbol{i} + (\lambda a_y)\boldsymbol{j} + (\lambda a_z)\boldsymbol{k}$.

(4) 线性运算的性质：

$\boldsymbol{a} + \boldsymbol{b} = \boldsymbol{b} + \boldsymbol{a}$ (加法交换律)；

$(\boldsymbol{a} + \boldsymbol{b}) + \boldsymbol{c} = \boldsymbol{a} + (\boldsymbol{b} + \boldsymbol{c}) = \boldsymbol{a} + \boldsymbol{b} + \boldsymbol{c}$ (加法结合律)；

$\lambda(\mu\boldsymbol{a}) = \mu(\lambda\boldsymbol{a}) = (\lambda\mu)\boldsymbol{a}$ (数乘结合律)；

$(\lambda + \mu)\boldsymbol{a} = \lambda\boldsymbol{a} + \mu\boldsymbol{a}$ (分配律)；

$\lambda(\boldsymbol{a} + \boldsymbol{b}) = \lambda\boldsymbol{a} + \lambda\boldsymbol{b}$ (分配律).

6. 利用坐标判断两向量相等、平行

$\boldsymbol{a}$ 与 $\boldsymbol{b}$ 相等：$\boldsymbol{a} = \boldsymbol{b} \Leftrightarrow a_x = b_x,\ a_y = b_y,\ a_z = b_z$；

$\boldsymbol{a}$ 与 $\boldsymbol{b}$ 平行：$\boldsymbol{a} \mathbin{/\!/} \boldsymbol{b}\ (\boldsymbol{a} \neq 0) \Leftrightarrow \boldsymbol{b} = \lambda\boldsymbol{a}$；

即 $\boldsymbol{a} \mathbin{/\!/} \boldsymbol{b}\ (\boldsymbol{a} \neq 0) \Leftrightarrow (b_x, b_y, b_z) = \lambda(a_x, a_y, a_z)$，或 $\dfrac{b_x}{a_x} = \dfrac{b_y}{a_y} = \dfrac{b_z}{a_z} = \lambda$.

8.1.2　典型例题解析

1. 向量的线性运算

(1) $-\boldsymbol{a}$ 与 $\boldsymbol{a}$ 大小相等方向相反；

(2) $\boldsymbol{a}_1 + \boldsymbol{a}_2 + \cdots + \boldsymbol{a}_n$ 等于将 $\boldsymbol{a}_2$ 的起点接 $\boldsymbol{a}_1$ 的终点，$\boldsymbol{a}_1$ 的起点接 $\boldsymbol{a}_1$ 的终点等，依次相接后，连接 $\boldsymbol{a}_1$ 的起点与 $\boldsymbol{a}_n$ 的终点所得到的向量；

(3) $\lambda \boldsymbol{a}$ 是数乘向量，$\dfrac{\boldsymbol{a}}{|\boldsymbol{a}|}$ 是向量 $\boldsymbol{a}_1$ 同方向的单位向量；

(4) $\lambda \boldsymbol{a} + \mu \boldsymbol{b}$ 称为向量 $\boldsymbol{a}$ 与 $\boldsymbol{b}$ 的一个线性组合，向量的分解就是将一个向量表示成另外若干个向量的线性组合.

2. 求向量的坐标

一般常用的方法有：

(1) 如果已知 $\boldsymbol{a}$ 的起点坐标 $A(x_1, y_1, z_1)$ 及终点坐标 $B(x_2, y_2, z_2)$，则 $\boldsymbol{a} = \{x_2 - x_1, y_2 - y_1, z_2 - z_1\}$；

(2) 如果已知 $\boldsymbol{a}$ 按基本单位向量分解式 $\boldsymbol{a} = x\boldsymbol{i} + y\boldsymbol{j} + z\boldsymbol{k}$，则 $\boldsymbol{a} = \{x, y, z\}$；

(3) 当向量 $\boldsymbol{a}$ 的模 $|\boldsymbol{a}|$ 及方向角 α，β，γ 已知时，$\boldsymbol{a} = \{|\boldsymbol{a}|\cos\alpha, |\boldsymbol{a}|\cos\beta, |\boldsymbol{a}|\cos\gamma\}$；

(4) 当向量 $\boldsymbol{a}$ 与 $\boldsymbol{b} = \{x, y, z\}$ 平行时，$\boldsymbol{a} = \{\lambda x, \lambda y, \lambda z\}$（$\lambda$ 为实数），其中，当 $\boldsymbol{a}$ 与 $\boldsymbol{b}$ 同向时，$\lambda > 0$；当 $\boldsymbol{a}$ 与 $\boldsymbol{b}$ 反向时，$\lambda < 0$；

(5) 根据向量的运算性质确定.

例 8.1.1 把 $\triangle ABC$ 底边 BC 三等分，D、E 分别为三等分点，若 $\overrightarrow{DE} = \boldsymbol{a}$，$\overrightarrow{AD} = \boldsymbol{b}$，试用 $\boldsymbol{a}$，$\boldsymbol{b}$ 表示向量 $\overrightarrow{AB}$ 和 $\overrightarrow{AC}$.

分析 试画图分析，利用向量的加法和数乘运算将 $\overrightarrow{AB}$ 和 $\overrightarrow{AC}$ 用 $\overrightarrow{AD}$ 和 $\overrightarrow{DE}$ 来表示.

解： $\overrightarrow{AB} = \overrightarrow{AD} + \overrightarrow{DB} = \overrightarrow{AD} - \overrightarrow{BD} = \overrightarrow{AD} - \overrightarrow{DE} = \boldsymbol{b} - \boldsymbol{a}$，

$\overrightarrow{AC} = \overrightarrow{AD} + \overrightarrow{DC} = \overrightarrow{AD} + 2\overrightarrow{DE} = 2\boldsymbol{a} + \boldsymbol{b}$.

例 8.1.2 写出 $P(1, -2, -1)$ 的下列对称点的坐标：

(1) 关于三个坐标平面分别对称；

(2) 关于三个坐标轴分别对称；

(3) 关于原点对称.

分析 (1) 一点关于某一坐标面对称的点的坐标，只需保留对应于该坐标平面的两个坐标不变，改变另一个坐标的符号即得；

(2) 一点关于某一坐标轴对称的点的坐标，只需保留对应于该坐标轴的坐标不变，改变另外两个坐标的符号即得；

(3) 一点关于原点对称的点的坐标只需同时改变该点三个坐标的符号即得.

解：(1) P 点关于 xOy, yOz, zOx 对称点的坐标分别为 $(1, -2, 1), (-1, -2, -1), (1, 2, -1)$；

(2) P 点关于 x 轴，y 轴，z 轴对称的点的坐标分别为 $(1, 2, 1), (-1, -2, 1), (-1, 2, -1)$；

(3) P 点关于原点对称的点的坐标为 $(-1, 2, 1)$.

例 8.1.3 已知有向线段 $\overrightarrow{P_1P_2}$ 的长度为 6，方向余弦为 $-\dfrac{2}{3}, \dfrac{1}{3}, \dfrac{2}{3}$，$P_1$ 点的坐标为 $(-3, 2, 5)$，求 P_2 点的坐标.

分析　参照向量坐标求法(1)和(3).

解：设 P_2 点的坐标为 (x, y, z)，则 $\overrightarrow{P_1P_2} = \{x+3, y-2, z-5\}$，

由已知得
$$\overrightarrow{P_1P_2} = \left\{6 \times \left(-\frac{2}{3}\right), 6 \times \frac{1}{3}, 6 \times \frac{2}{3}\right\}$$

故有
$$x + 3 = 6 \times \left(-\frac{2}{3}\right), y - 2 = 6 \times \frac{1}{3}, z - 5 = 6 \times \frac{2}{3}$$

解得
$$x = -7, y = 4, z = 9,$$

即 P_2 点的坐标为 $(-7, 4, 9)$.

例 8.1.4　向量 $a = i + j + k, b = 2i + 5k$，求 $c = a - 2b$ 以及 c 在 x 轴方向上的投影、投影向量.

分析　用向量的分量或坐标表达式进行计算，明确向量在坐标轴上的投影即为该向量的坐标的概念.

解：$c = a - 2b = (i + j + k) - 2(2i + 5k) = -3i + j - 9k = (-3, 1, -9)$，故 c 在 x 轴方向上的投影为 -3，c 在 x 轴方向上的投影向量为 $-3i$.

8.1.3　课后练习题

习题(基础训练)

1.　设 $m = 3a + 2b + c, n = 2a - b + c$，试用 a, b, c 表示 $2m - 3n$.

2.　求点 $P(1, 2, 3)$ 关于 xOy 面的对称点与点 $(2, 1, 2)$ 之间的距离.

3.　$m = \{3, 2, 1\}, n = \{4, -1, 3\}, p = \{1, 2, 3\}$，求向量 $a = 2m - n + 3p$ 在 x 轴上的投影及在 y 轴上的分向量.

4. 设已知两点 $M_1(4, \sqrt{2}, 1)$ 和 $M_2(3, 0, 2)$ 计算向量 $\overrightarrow{M_1M_2}$ 的模、方向余弦和方向角.

5. 已知向量 $\boldsymbol{a} = \{2, 1, 3\}$，$\boldsymbol{b} = \{1, 0, -2\}$，向量 $\overrightarrow{AB} = \boldsymbol{a} - 2\boldsymbol{b}$，并且点 A 的坐标是 $\{3, 1, -3\}$，试求点 B 的坐标.

习题(能力提升)

1. 已知 $\boldsymbol{a} = \{2, 2, 2\}$，$\boldsymbol{b} = \{8, -4, 1\}$，则与 $\boldsymbol{a}$ 平行的单位向量为 ___，$\boldsymbol{a}$ 与 $\boldsymbol{b}$ 的夹角为 _____ ，$\boldsymbol{a}$ 在 $\boldsymbol{b}$ 上的投影为 _____ .

2. 设 $ABCD$ 是平行四边形，E 是 AB 的中点，AC 与 DE 交于 O 点，证明 O 点分别是 ED 与 AC 的三等分的分点.

3. 已知两点 $A(x_1, y_1, z_1)$ 和 $B(x_2, y_2, z_2)$ 以及实数 $\lambda \neq -1$，在直线 AB 上求一点 M，使 $\overrightarrow{AM} = \lambda \overrightarrow{MB}$.

4. 一向量的终点为 $B(2,-1,7)$，它在 X 轴，Y 轴和 Z 轴上的投影依次为 4，-4 和 7，求此向量和起点 A 的坐标.

5. 已知 $\overrightarrow{AB} = \{-3,0,4\}$，$\overrightarrow{AC} = \{5,-2,-14\}$，求 $\angle BAC$ 角平分线上的单位向量.

6. 设 $e_1 = \dfrac{1}{3}\{2,2,1\}$，$e_2 = \dfrac{1}{3}\{-2,1,2\}$，$e_3 = \dfrac{1}{3}\{1,-2,2\}$，试将向量 $r = \{x,y,z\}$ 表示成 e_1,e_2,e_3 的线性组合.

8.2　向量的乘积运算

8.2.1　重要知识点

1. 两向量的数量积

(1) 定义：设 a,b 是两向量，且它们之间的夹角为 θ，称数量 $|a| \cdot |b| \cos\theta$ 为向量 a,b 的数量积，亦称内积，并记作 a,b，即 $a \cdot b = |a| \cdot |b| \cos\theta$；

物理背景：设一物体在力 F 作用下沿直线从点 M_1 移动到点 M_2，以 S 表示位移 $\overrightarrow{M_1M_2}$，力 F 所做的功 $W = |F||S|\cos\theta$，其中 θ 为 F 与 S 的夹角.

(2) 数量积的性质：

① $a \cdot a = |a|^2$；

② $a \perp b \Leftrightarrow a \cdot b = 0$，零向量和任何向量都垂直；

③ $\boldsymbol{a} \cdot \boldsymbol{b} = \boldsymbol{b} \cdot \boldsymbol{a}$ (交换律);

④ $(\boldsymbol{a} + \boldsymbol{b}) \cdot \boldsymbol{c} = \boldsymbol{a} \cdot \boldsymbol{c} + \boldsymbol{b} \cdot \boldsymbol{c}$ (分配律);

⑤ $(\lambda \boldsymbol{a}) \cdot \boldsymbol{b} = \lambda (\boldsymbol{a} \cdot \boldsymbol{b})$ (λ 为数)(结合律).

(3) 数量积的坐标表示式：设 $\boldsymbol{a} = (a_x, a_y, a_z)$, $\boldsymbol{b} = (b_x, b_y, b_z)$, 则 $\boldsymbol{a} \cdot \boldsymbol{b} = a_x b_x + a_y b_y + a_z b_z$;

两向量夹角余弦的坐标表示式：设 $\theta = (\boldsymbol{a}, \boldsymbol{b})$, 则当 $\boldsymbol{a} \neq 0, \boldsymbol{b} \neq 0$ 时, 有

$$\cos \theta = \frac{\boldsymbol{a} \cdot \boldsymbol{b}}{|a||b|} = \frac{a_x b_x + a_y b_y + a_z b_z}{\sqrt{a_x^2 + a_y^2 + a_z^2}\sqrt{b_x^2 + b_y^2 + b_z^2}};$$

(4) 数量积与投影：由 $|\boldsymbol{b}|\cos \theta = |\boldsymbol{b}|\cos(\hat{\boldsymbol{a}, \boldsymbol{b}})$, 当 $\boldsymbol{a} \neq 0$ 时, $|\boldsymbol{b}|\cos(\hat{\boldsymbol{a}, \boldsymbol{b}})$ 是向量 $\boldsymbol{b}$ 在向量 $\boldsymbol{a}$ 的方向上的投影, 于是 $\boldsymbol{a} \cdot \boldsymbol{b} = |\boldsymbol{a}|\mathrm{Prj}_{a}\boldsymbol{b}$. 同理, 当 $\boldsymbol{b} \neq 0$ 时, $\boldsymbol{a} \cdot \boldsymbol{b} = |\boldsymbol{b}|\mathrm{Prj}_{b}\boldsymbol{a}$.

2. 两向量的向量积

(1) 定义：设向量 $\boldsymbol{c}$ 是由两个向量 $\boldsymbol{a}$ 与 $\boldsymbol{b}$ 按下列方程式给出

① $|\boldsymbol{c}| = |\boldsymbol{a}||\boldsymbol{b}|\sin \theta$, 其中 θ 为 $\boldsymbol{a}$ 与 $\boldsymbol{b}$ 间的夹角;

② $\boldsymbol{c}$ 的方向垂直于 $\boldsymbol{a}$ 与 $\boldsymbol{b}$ 所决定的平面, $\boldsymbol{c}$ 的指向按右手规则从 $\boldsymbol{a}$ 转向 $\boldsymbol{b}$ 来确定, 那么, 向量 $\boldsymbol{c}$ 叫作向量 $\boldsymbol{a}$ 与 $\boldsymbol{b}$ 的向量积或叉积, 记作 $\boldsymbol{a} \times \boldsymbol{b}$, 即 $\boldsymbol{c} = \boldsymbol{a} \times \boldsymbol{b}$.

物理背景：设 O 为一根杠杆 L 的支点. 有一个力 $\boldsymbol{F}$ 作用于这杠杆上 P 点处. $\boldsymbol{F}$ 与 $\overrightarrow{OP}$ 的夹角为 θ, 力 $\boldsymbol{F}$ 对点 O 的力矩是一向量 $\boldsymbol{M}$, 它的模 $|\boldsymbol{M}| = |\overrightarrow{OP}||\boldsymbol{F}|\sin \theta$, 而 $\boldsymbol{M}$ 的方向垂直于 $\overrightarrow{OP}$ 与 $\boldsymbol{F}$ 所决定的平面, $\boldsymbol{M}$ 的指向是按右手规则从 $\overrightarrow{OP}$ 以不超过 π 的角转向 $\boldsymbol{F}$ 来确定的, 根据向量积的定义, 力矩 $\boldsymbol{M}$ 等于 $\overrightarrow{OP}$ 与 $\boldsymbol{F}$ 的向量积, 即 $\boldsymbol{M} = \overrightarrow{OP} \times \boldsymbol{F}$.

(2) 向量积的性质：

① $\boldsymbol{a} /\!/ \boldsymbol{b} \Leftrightarrow \boldsymbol{a} \times \boldsymbol{b} = 0$;

② $\boldsymbol{b} \times \boldsymbol{a} = -\boldsymbol{a} \times \boldsymbol{b}$;

③ $(\boldsymbol{a} + \boldsymbol{b}) \times \boldsymbol{c} = \boldsymbol{a} \times \boldsymbol{c} + \boldsymbol{b} \times \boldsymbol{c}$ (分配率);

④ $(\lambda \boldsymbol{a}) \times \boldsymbol{b} = \boldsymbol{a} \times (\lambda \boldsymbol{b}) = \lambda (\boldsymbol{a} \times \boldsymbol{b})$ (λ 为数)(结合律).

(3) 向量积的坐标表示式：

设 $\boldsymbol{a} = a_x \boldsymbol{i} + a_y \boldsymbol{j} + a_z \boldsymbol{k}$, $\boldsymbol{b} = b_x \boldsymbol{i} + b_y \boldsymbol{j} + b_z \boldsymbol{k}$, 则

$$\boldsymbol{a} \times \boldsymbol{b} = (a_y b_z - a_z b_y)\boldsymbol{i} + (a_z b_x - a_x b_z)\boldsymbol{j} + (a_x b_y - a_y b_x)\boldsymbol{k}$$

$$= \begin{vmatrix} \boldsymbol{i} & \boldsymbol{j} & \boldsymbol{k} \\ a_x & a_y & a_z \\ b_x & b_y & b_z \end{vmatrix} = a_y b_z \boldsymbol{i} + a_z b_x \boldsymbol{j} + a_x b_y \boldsymbol{k} - a_x b_z \boldsymbol{j} - a_y b_x \boldsymbol{k} - a_z b_y \boldsymbol{i}$$

8.2.2 典型题型解析

1. 数量积与向量积是本节的重点, 在向量的各种关系中, 主要是依赖它们的性质与

运算求解各类问题的.

2. 数量积 $\boldsymbol{a} \cdot \boldsymbol{b} = |a| \cdot |b| \cos\theta$ 的主要用法：

(1) 计算两个向量 $\boldsymbol{a}$ 与 $\boldsymbol{b}$ 的夹角(如例 8.2.2)；

(2) 判别两个向量是否垂直(如例 8.2.5)；

(3) 模的计算：$|a| = \sqrt{\boldsymbol{a} \cdot \boldsymbol{a}}$.

3. $\boldsymbol{c} = \boldsymbol{a} \times \boldsymbol{b}$ 是一个向量，$\boldsymbol{c}$ 与 $\boldsymbol{a}, \boldsymbol{b}$ 都垂直，并使 $\boldsymbol{a}, \boldsymbol{b}, \boldsymbol{c}$ 成右手系，所以 $\boldsymbol{b} \times \boldsymbol{a} = -\boldsymbol{a} \times \boldsymbol{b}$，其模 $|\boldsymbol{a} \times \boldsymbol{b}|$ 等于以 $\boldsymbol{a}, \boldsymbol{b}$ 为邻边的平行四边形面积(如例 8.2.4 和例 8.2.5).

4. 求满足一定条件的向量的坐标的常用方法：

(1) 当所求向量平行于向量 $\boldsymbol{a} = (a_x, a_y, a_z)$ (或与之共线)时，可设所求向量为 $\boldsymbol{P} = (\lambda a_x, \lambda a_y, \lambda a_z)$，然后利用其他条件求得 λ；

(2) 当所求向量垂直于向量 $\boldsymbol{a}$ 时，可设所求向量 $\boldsymbol{P} = (x, y, z)$，由此得一方程 $a_x x + a_y y + a_z z = 0$，再与其他条件所建立的方程联系，求得 x, y, z (如例 8.2.5)；

(3) 当所求向量同时垂直于两个向量 $\boldsymbol{a} = (a_x, a_y, a_z)$ 和 $\boldsymbol{b} = (b_x, b_y, b_z)$ 时，即说明所求向量平行于向量 $\boldsymbol{a} \times \boldsymbol{b}$，故可设所求向量为 $\boldsymbol{P} = \lambda(\boldsymbol{a} \times \boldsymbol{b})$，然后利用其他条件求得 λ.

5. 面积和体积问题：

(1) 面积问题.

① 以 $\boldsymbol{a}, \boldsymbol{b}$ 为邻边的平行四边形的面积

$$S_{\square} = |\boldsymbol{a} \times \boldsymbol{b}| = |\boldsymbol{a}||\boldsymbol{b}|\sin(\hat{\boldsymbol{a}, \boldsymbol{b}}) = \begin{Vmatrix} \boldsymbol{i} & \boldsymbol{j} & \boldsymbol{k} \\ a_x & a_y & a_z \\ b_x & b_y & b_z \end{Vmatrix}$$

② 以平面三点 $M_1(x_1, y_1)$，$M_2(x_2, y_2)$，$M_3(x_3, y_3)$ 为顶点的三角形的面积

$$S_{\triangle} = \frac{1}{2}\begin{Vmatrix} x_1 & y_1 & 1 \\ x_2 & y_2 & 1 \\ x_3 & y_3 & 1 \end{Vmatrix}$$

(2) 体积问题，共面问题.

① 以 $\boldsymbol{a}, \boldsymbol{b}, \boldsymbol{c}$ 为棱边的平行六面体的体积

$$V = \pm[\boldsymbol{abc}] = \pm\begin{vmatrix} a_x & a_y & a_z \\ b_x & b_y & b_z \\ c_x & c_y & c_z \end{vmatrix};$$

② 三向量共面的充要条件是：$[\boldsymbol{abc}] = 0$；

③ 四点共面的充要条件是：$[\overrightarrow{M_1M_2}\,\overrightarrow{M_1M_3}\,\overrightarrow{M_1M_4}] = 0$.

例 8.2.1　设 $\boldsymbol{a} = \{2, -1, 3\}$，$\boldsymbol{b} = \{1, 3, -4\}$. 求 $(2\boldsymbol{a} + \boldsymbol{b}) \cdot (\boldsymbol{a} - 2\boldsymbol{b})$.

分析　利用向量数量积的坐标表示式.

解：　　　　$2\boldsymbol{a}+\boldsymbol{b}=2\{2,-1,3\}+\{1,3,-4\}=\{5,1,2\}$，

　　　　　　　　$\boldsymbol{a}-2\boldsymbol{b}=\{2,-1,3\}-2\{1,3,-4\}=\{0,-7,11\}$，

于是　　　　$2(\boldsymbol{a}+\boldsymbol{b})\cdot(\boldsymbol{a}-2\boldsymbol{b})=\{5,1,2\}\cdot\{0,-7,11\}=-7+22=15$．

例 8.2.2　设 $\boldsymbol{a}=3\boldsymbol{i}-\boldsymbol{j}-2\boldsymbol{k},\boldsymbol{b}=\boldsymbol{i}+2\boldsymbol{j}-\boldsymbol{k}$，求 $\boldsymbol{a},\boldsymbol{b}$ 的夹角的余弦．

分析　利用向量数量积的定义式：$\boldsymbol{a}\cdot\boldsymbol{b}=|\boldsymbol{a}||\boldsymbol{b}|\cos\theta$．

解： $\cos(\hat{\boldsymbol{a},\boldsymbol{b}})=\dfrac{3}{\sqrt{3^2+(-1)^2+(-2)^2}\sqrt{1+2^2+(-1)^2}}=\dfrac{3}{\sqrt{14}\sqrt{6}}=\dfrac{3}{2\sqrt{21}}$．

例 8.2.3　求向量 $\boldsymbol{a}=(4,-3,4)$ 在向量 $\boldsymbol{b}=(2,2,1)$ 上的投影．

分析　利用当 $\boldsymbol{b}\neq 0$ 时，$|\boldsymbol{a}|\cos\theta$ 是向量 $\boldsymbol{a}$ 在向量 $\boldsymbol{b}$ 上的投影，即

$$\boldsymbol{a}\cdot\boldsymbol{b}=|\boldsymbol{b}|\mathrm{Prj}_{\boldsymbol{b}}\boldsymbol{a}\,.$$

解： $\mathrm{Prj}_{\boldsymbol{b}}\boldsymbol{a}=\dfrac{\boldsymbol{a}\cdot\boldsymbol{b}}{|\boldsymbol{b}|}=\dfrac{4\times2+(-3)\times2+4\times1}{\sqrt{2^2+2^2+1}}=\dfrac{6}{3}=2$．

例 8.2.4　已知 $\boldsymbol{a}=(2,-1,1),\boldsymbol{b}=(1,2,-1)$，求一个单位向量，使之既垂直于 $\boldsymbol{a}$ 又垂直于 $\boldsymbol{b}$．

分析　利用向量积的定义即可．

解： 当 $\boldsymbol{c}=\boldsymbol{a}\times\boldsymbol{b}$ 时，满足既垂直于 $\boldsymbol{a}$ 又垂直与 $\boldsymbol{b}$，

$$\boldsymbol{c}=\boldsymbol{a}\times\boldsymbol{b}=\begin{vmatrix}\boldsymbol{i}&\boldsymbol{j}&\boldsymbol{k}\\2&-1&1\\1&2&-1\end{vmatrix}=-\boldsymbol{i}+3\boldsymbol{j}+5\boldsymbol{k}=(-1,3,5),$$

$$|\boldsymbol{c}|=\sqrt{1+9+25}=\sqrt{35},$$

故满足条件的单位向量为　　$\pm\dfrac{1}{|\boldsymbol{c}|}\boldsymbol{c}=\pm\dfrac{1}{\sqrt{35}}(-1,3,5)$．

例 8.2.5　已知四边形的四个顶点 $A(1,-2,2)$，$B(1,4,0)$，$C(-4,1,1)$，$D(-5,-5,3)$．证明对角线 AC 与 BD 互相垂直，并求该四边形的面积．

分析　利用两向量垂直的条件 $\boldsymbol{a}\cdot\boldsymbol{b}=0$ 和以 $\boldsymbol{a},\boldsymbol{b}$ 为邻边的平行四边形的面积公式：$S_{\square}=|\boldsymbol{a}\times\boldsymbol{b}|$．

解： 向量 $\overrightarrow{AC}=\{-4-1,1+2,1-2\}=\{-5,3,-1\}$，

　　　　　　$\overrightarrow{BD}=\{-5-1,-5-4,3-0\}=-3\{2,3,-1\}$，

因为　　　　$\overrightarrow{AC}\cdot\overrightarrow{BD}=-3\times(-5\times2+3\times3+1\times1)=0$，

所以　　　　$\overrightarrow{AC}\perp\overrightarrow{BD}$，即对角线 $AC\perp BD$．

求平行四边形 $ABCD$ 的面积有两种方法．

方法一：$\overrightarrow{AB}=\{1-1,4+2,0-2\}=\{0,6,-2\}$，

　　　　　$\overrightarrow{AD}=\{-5-1,-5+2,3-2\}=\{-6,-3,1\}$，

$$S_{\text{四边形}} = \left| \overrightarrow{AB} \times \overrightarrow{AD} \right| = \begin{Vmatrix} \boldsymbol{i} & \boldsymbol{j} & \boldsymbol{k} \\ 0 & 6 & -2 \\ -6 & -3 & 1 \end{Vmatrix} = \frac{21}{2}\sqrt{10} ;$$

方法二：由于对角线互相垂直，因此四边形 $ABCD$ 的面积

$$S_{\text{四边形}} = \frac{1}{2}\left| \overrightarrow{AC} \right|\left| \overrightarrow{BD} \right| = \frac{1}{2}\sqrt{(-5)^2 + 3^2 + (-1)^2} \cdot \sqrt{(-6)^2 + (-9)^2 + 3^2} = \frac{21}{2}\sqrt{10} .$$

8.2.3　练习题

习题(基础训练)

1．设 $\boldsymbol{a} = 3\boldsymbol{i} - \boldsymbol{j} + 2\boldsymbol{k}, \boldsymbol{a} = \boldsymbol{i} - 2\boldsymbol{j} + \boldsymbol{k}$ ，求：$(1)\,\boldsymbol{a} \cdot \boldsymbol{b}$ 及 $\boldsymbol{a} \times \boldsymbol{b}$ ；$(2)\,(-2\boldsymbol{a}) \cdot 3\boldsymbol{b}$ 及 $\boldsymbol{a} \times 3\boldsymbol{b}$.

2．设 $\boldsymbol{a} = \boldsymbol{i} + 3\boldsymbol{j} - 4\boldsymbol{k}, \boldsymbol{b} = \boldsymbol{i} - \boldsymbol{j} - \boldsymbol{k}$，求：$(1)\,\boldsymbol{a}$ 在 $\boldsymbol{b}$ 上的投影；(2) 若 $|\boldsymbol{c}| = 3$ ，求 $\boldsymbol{a}$ ，使得三向量 $\boldsymbol{a}, \boldsymbol{b}, \boldsymbol{c}$ 所构成的平行六面体的体积最大.

3．已知 $\boldsymbol{a} = \{1, 2, 1\}$，$\boldsymbol{b} = \{8, -4, 1\}$，则与 $\boldsymbol{a}$ 平行的单位向量为_____，$\boldsymbol{a}$ 与 $\boldsymbol{b}$ 的夹角为_____，$\boldsymbol{b}$ 在 $\boldsymbol{a}$ 上的投影为_____.

4．设 $\boldsymbol{a} = (2, -3, 1), \boldsymbol{b} = (1, -2, 5), \boldsymbol{c} \perp \boldsymbol{a}, \boldsymbol{c} \perp \boldsymbol{b}$，且 $\boldsymbol{c} \cdot (\boldsymbol{i} + 2\boldsymbol{j} - 7\boldsymbol{k}) = 10$ ，则 $\boldsymbol{c} = $ _____.

5．已知 $\overrightarrow{OA} = \boldsymbol{i} + 3\boldsymbol{k}, \overrightarrow{OB} = \boldsymbol{j} + 3\boldsymbol{k}$ ，求 $\triangle ABO$ 的面积.

6. 设质量为 100kg 的物体从点 $M_1(3,1,8)$ 沿着直线移动到点 $M_2(1,4,2)$，计算重力所做的功(长度单位为 m，重力方向为 z 轴负方向).

习题(能力提升)

1. 设 $|a|=3, |b|=4$，且 $a \perp b$，则 $|(a+b)\times(a-b)| = $ ＿＿＿ .

2. 已知 $|a|=3, |b|=4$，向量 a 与 b 的夹角为 $\dfrac{\pi}{3}$，求向量 $2a-b$ 与 $3a+b$ 的夹角.

3. 设 $a = \{3,5,-2\}, b = \{2,1,4\}$，试求 λ 的值，分别使得：(1) $\lambda a + b$ 与 z 轴垂直；(2) $\lambda a + b$ 与 a 垂直，并证明此时 $|\lambda a + b|$ 取得最小值.

4. 用向量证明不等式：$\sqrt{a_1^2 + a_2^2 + a_3^2}\sqrt{b_1^2 + b_2^2 + b_3^2} \geqslant |a_1 b_1 + a_2 b_2 + a_3 b_3|$，其中 a_1，a_2，a_3，b_1，b_2，b_3 为任意实数，并指出等号成立的条件.

5. 设 $a=\{2,-3,1\}$，$b=\{1,-2,3\}$，$c=\{2,1,2\}$．求同时垂直于 a 和 b，且在向量 c 上投影是 14 的向量 d．

8.3　平面的方程

8.3.1　重要知识点

1．平面的点法式方程：$A(x-x_0)+B(y-y_0)+C(z-z_0)=0$，其中 (x_0,y_0,z_0) 为平面上已知一点，向量 $n=\{A,B,C\}$ 是该平面的法向量．

2．平面的一般方程：$Ax+By+Cz+D=0$，其中向量 $n=\{A,B,C\}$ 是平面的法向量．

3．平面的三点式方程：过 $M_1(x_1,y_1,z_1)$，$M_2(x_2,y_2,z_2)$，$M_3(x_3,y_3,z_3)$ 三点的平面方程为

$$\begin{vmatrix} x-x_1 & y-y_1 & z-z_1 \\ x_2-x_1 & y_2-y_1 & z_2-z_1 \\ x_3-x_1 & y_3-y_1 & z_3-z_1 \end{vmatrix}=0，其中，平面的法向量为\quad n=\begin{vmatrix} i & j & k \\ x_2-x_1 & y_2-y_1 & z_2-z_1 \\ x_3-x_1 & y_3-y_1 & z_3-z_1 \end{vmatrix}．$$

4．平面的截距式方程：$\dfrac{x}{a}+\dfrac{y}{b}+\dfrac{z}{c}=1$，其中 a，b，c 分别为平面在 x，y，z 轴上的截距，向量 $n=\left\{\dfrac{1}{a},\dfrac{1}{b},\dfrac{1}{c}\right\}$ 为平面的法向量．

5．两平面之间的关系．

设平面 π_1：$A_1x+B_1y+C_1z+D_1=0$，π_2：$A_2x+B_2y+C_2z+D_2=0$．

两平面平行：$\pi_1\,/\!/\,\pi_2\Leftrightarrow\dfrac{A_1}{A_2}=\dfrac{B_1}{B_2}=\dfrac{C_1}{C_2}(n_1\times n_2=0)$；

两平面垂直：$\pi_1\perp\pi_2\Leftrightarrow A_1A_2+B_1B_2+C_1C_2=0(n_1\cdot n_2=0)$．

两平面 π_1 与 π_2 的夹角 θ 即为两平面法向量的夹角(通常指锐角)，θ 满足：

$$\cos\theta=\frac{|n_1\cdot n_2|}{|n_1||n_2|}=\frac{|A_1A_2+B_1B_2+C_1C_2|}{\sqrt{A_1{}^2+B_1{}^2+C_1{}^2}\sqrt{A_2{}^2+B_2{}^2+C_2{}^2}}\left(0\leqslant\theta\leqslant\frac{\pi}{2}\right)．$$

6．点到平面的距离．

设点 $M_0=(x_0,y_0,z_0)$，平面 π：$Ax+By+Cz+D=0$，则点 M_0 到平面 π 的距离为：

$$d=\frac{|Ax_0+By_0+Cz_0+D|}{\sqrt{A^2+B^2+C^2}}．$$

8.3.2　典型例题解析

1. 平面的一般方程：$Ax + By + Cz + D = 0$，其中 $\{A, B, C\}$ 是平面的法向量.

平面与 x 轴平行 $\Leftrightarrow A = 0$；平面经过坐标原点 $\Leftrightarrow D = 0$；由此，当平面经过 x 轴时 $A = D = 0$，方程成为 $By + Cz = 0$，对此只需再知道平面经过的一个点就可求出平面方程.

同理可知，若平面平行于坐标轴，或平行于坐标平面或经过坐标原点，则平面的一般式方程中相应的若干系数必定为零.

2. 求平面方程的方法：

(1) 已知平面上的一点和法向量，可直接用点法式求出平面方程(如例 8.3.1)；

(2) 已知平面上的两点及一个垂直关系，既可采用平面方程的一般形式用待定系数法来确定平面方程，也可采用向量积来求出法向量，按点法式写出平面的方程(如例 8.3.3 解法 1，例 8.3.4)；

(3) 已知平面平行于坐标面(轴)或是已知平面且满足另一约束条件，通常采用一般式方程，即设所求平面方程为一般式，再用题设条件确定系数 A, B, C, D(如例 8.3.3 解法 2 和 3)；

(4) 求过已知直线且满足另一约束条件的平面方程，若直线方程是按一般式给出的，常用平面束法求平面方程；若直线方程是按对称式给出的，则常用点法式方法来求平面方程；

(5) 已知所求平面上的动向量与两已知向量共面，可用三向量共面法，给出三向量坐标表达的三阶行列式值为零，即为所求平面的方程(如例 8.3.2 解法 3).

例 8.3.1　求过点 $(2, -3, 0)$ 且以 $\boldsymbol{n} = (1, 2, 3)$ 为法向量的平面方程.

分析　已知一个点和法向量求平面方程，可用点法式方程.

解：根据平面的点法式方程，得所求平面的方程为 $(x - 2) - 2(y + 3) + 3z = 0$, 即 $x - 2y + 3z - 8 = 0$.

例 8.3.2　求经过三点 $M_1(2, 1, 4), M_2(-1, 3, -2), M_3(0, 2, 3)$ 的平面方程.

分析　可用点法式方程和一般式方程两种方法求解.

解法 1：设 $\boldsymbol{n}$ 为平面的法向量，由于 $\boldsymbol{n} \perp \overrightarrow{M_1 M_2}$，$\boldsymbol{n} \perp \overrightarrow{M_1 M_3}$，故可取

$$\boldsymbol{n} = \overrightarrow{M_1 M_2} \times \overrightarrow{M_1 M_3} = \begin{vmatrix} \boldsymbol{i} & \boldsymbol{j} & \boldsymbol{k} \\ -3 & 4 & 6 \\ -2 & 3 & -1 \end{vmatrix} = 14\boldsymbol{i} + 9\boldsymbol{j} - \boldsymbol{k} = (14, 9, -1).$$

由点法式得所求平面方程为：

$$14(x - 2) + 9(y + 1) - (z - 4) = 0, \quad \text{或} 14x + 9y - z - 15 = 0.$$

解法 2：设所求平面的一般方程为 $Ax + By + Cz + D = 0$，由于 M_1, M_2, M_3 是平面上的

点，则有

$$\begin{cases} 2A - B + 4C + D = 0 \\ -A + 3B - 2C + D = 0 \\ 2B + 3C + D = 0 \end{cases}，解得 A = 14,\ B = 9,\ C = -1,\ D = -15.$$

故所求平面方程为　$14x + 9y - z - 15 = 0$.

解法 3： 由已知条件平面过不共线的三点 $M_1(2,1,4)$，$M_2(-1,3,-2)$, $M_3(0,2,3)$ 可用如下行列式表达所求平面方程：

$$\begin{vmatrix} x-2 & y-1 & z-4 \\ -1-2 & 3-1 & -2-4 \\ 0-2 & 2-1 & 3-4 \end{vmatrix} = 0，即 14x + 9y - z - 15 = 0.$$

例 8.3.3　平面过点 $P(2,3,4)$ 及 z 轴，求该平面方程.

分析　此题可用三种方法求解.

解法 1： 由已知平面平行于 z 轴的方向向量 $\boldsymbol{a} = (0,0,1)$ 与 $\overrightarrow{OP} = (2,3,4)$，则可将 $\boldsymbol{n} = (0,0,1) \times (2,3,4) = (3,-2,0)$ 视为平面的法向量，由点法式方程：$3x - 2y = 0$ 为所求平面.

解法 2： 由已知条件知平面经过不共线的三点 $(0,0,0),(0,0,1),(2,3,4)$，由一般式 $Ax + By + Cz + D = 0$ 代入三点确定 $A,\ B,\ C,\ D$，

$$\begin{cases} D = 0 \\ C + D = 0 \\ 2A + 3B + 4C + D = 0 \end{cases},$$

解得 $A = 3,\ B = -2,\ C = 0,\ D = 0$，故所求平面方程为 $3x - 2y = 0$.

解法 3： 设平面方程为 $Ax + By + Cz + D = 0$，由于平面平行于 z 轴，又经过坐标原点，那么有 $C = D = 0$，方程为 $Ax + By = 0$，代入点 $P(2,3,4)$ 得 $2A + 3B = 0$ 或 $A = -\dfrac{3}{2}B$，故所求平面方程为：$-\dfrac{3}{2}Bx + By = 0$，即 $3x - 2y = 0$.

例 8.3.4　一平面通过两点 $M_1(1,1,1)$，$M_2(0,1,-1)$ 且垂直于平面 $x + y + z = 0$，求它的方程.

分析　先确定平面的法向量，再代入平面的点法式方程.

解： 由已知条件知，向量 $\overrightarrow{M_1M_2} = (-1,0,-2)$ 与平面 $x + y + z = 0$ 的法向量 $\boldsymbol{n}_1 = (1,1,1)$ 的向量积 $\overrightarrow{M_1M_2} \times \boldsymbol{n}_1$ 即为所求平面的法向量 $\boldsymbol{n}$.

$$\boldsymbol{n} = \overrightarrow{M_1M_2} \times \boldsymbol{n}_1 = \begin{vmatrix} \boldsymbol{i} & \boldsymbol{j} & \boldsymbol{k} \\ -1 & 0 & -2 \\ 1 & 1 & 1 \end{vmatrix} = 2\boldsymbol{i} - \boldsymbol{j} - \boldsymbol{k}$$

由点法式方程：$2(x-1) - (y-1) - (z-1) = 0$, 或 $2x - y - z = 0$ 为所求平面.

例 8.3.5　求平面 $x - y + 2z - 6 = 0$ 与平面 $2x + y + z - 5 = 0$ 的夹角，并判别坐标原点到

哪个平面的距离更近.

分析　利用两平面夹角公式和点到平面距离公式.

解：设 $\boldsymbol{n}_1 = (1, -1, 2), \boldsymbol{n}_2 = (2, 1, 1)$ 为两平面 π_1 与 π_2 的法向量，则 π_1 与 π_2 夹角余弦为

$\cos\theta = \left| \dfrac{\boldsymbol{n}_1 \cdot \boldsymbol{n}_2}{|\boldsymbol{n}_1||\boldsymbol{n}_2|} \right| = \dfrac{\left| 1\times 2 + (-1)\times 1 + 2\times 1 \right|}{\sqrt{1^2 + (-1)^2 + 2^2} \cdot \sqrt{2^2 + 1^2 + 1^2}} = \dfrac{1}{2}$，故两平面夹角 $\theta = \dfrac{\pi}{3}$，原点到 π_1，π_2

距离分别为

$$d_1 = \frac{|0 - 0 + 2\times 0 - 6|}{\sqrt{1^2 + (-1)^2 + 2^2}} = \sqrt{6}, \quad d_2 = \frac{|2\times 0 + 0 + 0 - 5|}{\sqrt{2^2 + 1^2 + 1^2}} = \frac{5}{\sqrt{6}}, \quad d_1 > d_2,$$

故平面 $2x + y + z - 5 = 0$ 与原点距离更近.

8.3.3　练习题

习题(基础训练)

1. 求过点 $(3, 0, -1)$ 且与平面 $3x - 7y + 5z - 12 = 0$ 平行的平面方程.

2. 一平面过点 $(1, 0, -1)$ 且平行于向量 $\boldsymbol{a} = (2, 1, 1)$ 和 $\boldsymbol{b} = (1, -1, 0)$，试求这平面方程.

3. 求经过三点 $P_1(1, 1, 1)$，$P_2(2, 0, 1)$，$P_3(-1, -1, 0)$ 的平面方程.

4. 求平面 $2x - 2y + z + 5 = 0$ 与各坐标平面的夹角余弦，以及点 $(1,1,1)$ 到上述平面的距离.

习题(能力提升)

1. 求过点 $A(4,1,2)$，$B(-3,5,-1)$ 且垂直于平面 π_0： $6x - 2y + 3z + 7 = 0$ 平面方程.

2. 一平面与已知平面 π： $20x - 4y - 5z + 7 = 0$ 平行且相距 6 个单位，求这个平面的方程.

3. 求经过点 $P_1(2,-1,0)$，$P_2(3,5,-2)$，且与 z 轴平行的平面方程.

4. 设平面经过点 $(5,-7,4)$，且在三个坐标轴上的截距相等，求这平面的方程.

5. 求经过点 $(3,0,0)$ 与 $(0,0,1)$ 且与 xOy 面夹角为 $\dfrac{\pi}{3}$ 的平面方程.

8.4 直线的方程

8.4.1 重要知识点

1. 空间直线的方程

(1) 对称式：$\dfrac{x-x_0}{l}=\dfrac{y-y_0}{m}=\dfrac{z-z_0}{n}$ ，其中，(x_0,y_0,z_0) 为直线上已知一点，$s=(l,m,n)$ 是直线的方向向量；

(2) 参数式：$\begin{cases} x=x_0+lt \\ y=y_0+mt\,(-\infty<t<+\infty) \\ z=z_0+nt \end{cases}$，其中，$(x_0,y_0,z_0)$ 为直线上已知一点，$s=(l,m,n)$ 是直线的方向向量；

(3) 一般式：$\begin{cases} A_1x+B_1y+C_1z+D_1=0 \\ A_2x+B_2y+C_2z+D_2=0 \end{cases}$，其中，直线的方向向量为 $s=(A_1,B_1,C_1)\times(A_2,B_2,C_2)$；

(4) 两点式：过 $M_1(x_1,y_1,z_1)$，$M_2(x_2,y_2,z_2)$ 两点的直线方程 $\dfrac{x-x_1}{x_2-x_1}=\dfrac{y-y_1}{y_2-y_1}=\dfrac{z-z_1}{z_2-z_1}$，其中，直线的方向向量为 $s=\overrightarrow{M_1M_2}=(x_2-x_1,y_2-y_1,\ z_2-z_1)$.

2. 两直线之间的关系

设直线 L_1：$\dfrac{x-x_1}{l_1}=\dfrac{y-y_1}{m_1}=\dfrac{z-z_1}{n_1}$，$L_2$：$\dfrac{x-x_2}{l_2}=\dfrac{y-y_2}{m_2}=\dfrac{z-z_2}{n_2}$.

平行：$L_1 /\!/ L_2 \Leftrightarrow \dfrac{l_1}{l_2}=\dfrac{m_1}{m_2}=\dfrac{n_1}{n_2}\,(s_1\times s_2=0)$；

垂直：$L_1 \perp L_2 \Leftrightarrow l_1l_2+m_1m_2+n_1n_2=0\,(s_1\cdot s_2=0)$.

L_1 与 L_2 的夹角 φ 满足：$\cos\varphi=\dfrac{|s_1\cdot s_2|}{|s_1||s_2|}=\dfrac{|l_1l_2+m_1m_2+n_1n_2|}{\sqrt{l_1^2+m_1^2+n_1^2}\,\sqrt{l_2^2+m_2^2+n_2^2}}\left(0\leqslant\varphi\leqslant\dfrac{\pi}{2}\right)$.

3. 直线与平面的关系

设直线 L_1：$\dfrac{x-x_1}{l_1}=\dfrac{y-y_1}{m_1}=\dfrac{z-z_1}{n_1}$，平面 π_1：$A_1x+B_1y+C_1z+D_1=0$.

直线与平面平行：$L_1 \parallel \pi_1 \Leftrightarrow A_1l_1+B_1m_1+C_1n_1=0(\boldsymbol{s}_1 \cdot \boldsymbol{n}_1=0)$；

直线与平面垂直：$L_1 \perp \pi_1 \Leftrightarrow \dfrac{A_1}{l_1}=\dfrac{B_1}{m_1}=\dfrac{C_1}{n_1}(\boldsymbol{s}_1 \times \boldsymbol{n}_1=0)$；

L_1 与 π_1 的夹角 θ 满足：

$$\sin\theta=\frac{\left|\boldsymbol{s}_1 \cdot \boldsymbol{n}_1\right|}{\left|\boldsymbol{s}_1\right|\left|\boldsymbol{n}_1\right|}=\frac{\left|A_1l_1+B_1m_1+C_1n_1\right|}{\sqrt{l_1{}^2+m_1{}^2+n_1{}^2}\sqrt{A_1{}^2+B_1{}^2+C_1{}^2}}\left(0\leqslant\theta\leqslant\frac{\pi}{2}\right).$$

4. 距离公式

设点 $M_0=(x_0,y_0,z_0)$，平面 π：$Ax+By+Cz+D=0$，直线 L：$\dfrac{x-x_0}{l}=\dfrac{y-y_0}{m}=\dfrac{z-z_0}{n}$，$M_1$，$M_2$ 分别是两直线上任意两点.

(1) 点到直线的距离：$d=\dfrac{\left|\overrightarrow{M_0M_1} \times \boldsymbol{s}\right|}{\left|\boldsymbol{s}\right|}$；

(2) 两异面直线之间的距离：$d=\left|\operatorname{Prj}_{\boldsymbol{s}_1 \times \boldsymbol{s}_2}\overrightarrow{M_1M_2}\right|=\dfrac{\left|\overrightarrow{M_1M_2} \cdot (\boldsymbol{s}_1 \times \boldsymbol{s}_2)\right|}{\left|\boldsymbol{s}_1 \times \boldsymbol{s}_2\right|}$.

8.4.2　典型例题解析

1. 求空间直线的方法

(1) 对称式：需知直线所经过的一个点的坐标，以及直线的方向向量 $\boldsymbol{s}$. 而方向向量 $\boldsymbol{s}$ 常需要通过题设条件，借助于 $\boldsymbol{s}=\boldsymbol{a} \times \boldsymbol{b}$ 求得，例如下述几种情形：

① 直线 L 平行于直线 L_1 时，取 $\boldsymbol{s}=\boldsymbol{s}_1$；

② 直线 L 平行于平面 π_1 和平面 π_2 时，取 $\boldsymbol{s}=\boldsymbol{n}_1 \times \boldsymbol{n}_2$；

③ 直线 L 平行于平面 π_1，且垂直于直线 L_1 时，取 $\boldsymbol{s}=\boldsymbol{n}_1 \times \boldsymbol{s}_1$.

(2) 一般式(或交面式)：求通过一已知点，平行于已知平面，又满足某条件的直线方程时，常用直线的一般式方程.

(3) 两点式：通过点 $M_1(x_1,y_1,z_1)$ 和点 $M_2(x_2,y_2,z_2)$ 的直线方程为

$$\frac{x-x_1}{x_2-x_1}=\frac{y-y_1}{y_2-y_1}=\frac{z-z_1}{z_2-z_1}$$

2. 平面与直线

平面与直线的关键就是定点与定方向的问题. 一个点与一个法向量唯一确定了一张平面，一个点与另一个方向向量也唯一确定了一条空间直线. 对具有明显几何特征的线面问题，就是要从点向着手，借助向量运算工具算出方向并确定所需的一个点. 例如直线经过

两点 $P_1(x_1, y_1, z_1)$，$P_2(x_2, y_2, z_2)$，那么直线的方向向量可设为 $\overrightarrow{P_1P_2} = (x_2 - x_1, y_2 - y_1, z_2 - z_1)$，从而得到所谓的两点式方程 $\dfrac{x - x_1}{x_2 - x_1} = \dfrac{y - y_1}{y_2 - y_1} = \dfrac{z - z_1}{z_2 - z_1}$.

3. 平面束方程及其应用

设 π_1：$a_1x + b_1y + c_1z + d_1 = 0$，$\pi_2$：$a_2x + b_2y + c_2z + d_2 = 0$. 若平面 π_1 与 π_2 的交线为 l，则过 l 平面束的方程为 $\mu(a_1x + b_1y + c_1z + d_1) + \lambda(a_2x + b_2y + c_2z + d_2) = 0$，$\lambda$，$\mu$ 是任意实数.

如果所求的平面经过一条已知的直线，那么一般我们可用平面束方法来求解.

(1) 如果平面 π 过 π_1 与 π_2 交线 l，以及 l 外的一点 P_0，由此可以确定 μ，λ 之比，从而得到 π 的方程；

(2) 如果平面 π 过 π_1 与 π_2 交线 l，与 π_3 垂直，由此可以确定 μ，λ 之比，从而得到 π 的方程.

4. 直线在平面上的投影直线方程的求法

先求过直线 L 与平面 π 垂直的平面 π_1 的方程，将此平面 π_1 与平面 π 的方程联立，即得所求投影直线的方程.

例 8.4.1 写出直线 L：$\begin{cases} x - y + z = 1 \\ 2x + y + z = 4 \end{cases}$ 的对称式及参数式方程.

分析 在直线 L 上取一定点 M_0，再由形成直线 L 的两平面的法向量叉乘得到直线的方向向量，便可写出直线的点向式方程.

解法 1：取 $x = 0$，则 $\begin{cases} -y + z = 1 \\ y + z = 4 \end{cases}$，解得 $\begin{cases} y = \dfrac{3}{2} \\ z = \dfrac{5}{2} \end{cases}$，故得直线上一定点为 $\left(0, \dfrac{3}{2}, \dfrac{5}{2}\right)$，直线 L 的方向向量为 $s = n_1 \times n_2 = \begin{vmatrix} i & j & k \\ 1 & -1 & 1 \\ 2 & 1 & 1 \end{vmatrix} = (-2, 1, 3)$，故直线的对称式方程为

$\dfrac{x}{-2} = \dfrac{y - \dfrac{3}{2}}{1} = \dfrac{z - \dfrac{5}{2}}{3}$，参数式方程为 $\begin{cases} x = -2t \\ y = \dfrac{3}{2} + t \\ z = \dfrac{5}{2} + 3t \end{cases}$.

解法 2：取定点 $\left(0, \dfrac{3}{2}, \dfrac{5}{2}\right)$，再令 $y = 0$，求得另一点 $(3, 0, -2)$，用直线的两点式可求得结果.

例 8.4.2 求通过点 $M_0(3, 2, -1)$ 且与平面 π_1：$x - 4z - 3 = 0$ 及 π_2：$2x - y - 5z - 1 = 0$

平行的直线 L 的方程.

分析　已知直线过某点，再找直线的方向向量 s，通常用垂直于 s 的两个向量叉乘得到.

解：平面 π_1，π_2 的法向量分别为 $n_1 = (1,0,-4)$，$n_2 = (2,-1,-5)$. 由已知得 $s \perp n_1$，$s \perp n_2$，取 $s = n_1 \times n_2 = \begin{vmatrix} i & j & k \\ 1 & 0 & -4 \\ 2 & -1 & -5 \end{vmatrix} = (-4,-3,-1)$，则 直 线 L 的 方 程 为

$$\frac{x-3}{4} = \frac{y-2}{3} = \frac{z+1}{1}.$$

例 8.4.3　求经过点 $(3,1,-2)$ 且通过直线 $\dfrac{x-4}{5} = \dfrac{y+3}{2} = \dfrac{z}{1}$ 的平面方程.

分析　由直线的对称式方程可得到平面上的一点及一个向量，再由向量的叉乘得到所求平面的法向量，平面方程可由点法式求得.

解：由已知知点 $(4,-3,0)$ 在平面上，因此向量 $(4-3,-3-1,0+2) = (1,-4,2)$ 与平面平行. 另外，直线的方向向量 $(5,2,1)$ 也平行于所求的平面，于是 $(1,-4,2) \times (5,2,1) = (-8,9,22)$ 与所求的平面垂直，可以作为平面的一个法向量，故可得平面的点法式方程 $-8(x-3) + 9(y-1) + 22(z+2) = 0$ 或 $8x - 9y - 22z - 59 = 0$.

例 8.4.4　求过点 $P(2,1,3)$ 且与直线 $l: \dfrac{x+1}{3} = \dfrac{y-1}{2} = \dfrac{z}{-1}$ 垂直相交的直线方程.

分析　此题可用两种方法求解.

解法 1：作平面 π 经过 P 点，且与直线 l 垂直，平面 π 的方程为 $3(x-2) + 2(y-1) - (z-3) = 0$ 或 $3x + 2y - z - 5 = 0$，再求平面 π 与 l 的交点，从联立方程中求出交点，或将直线化成参数式：$\begin{cases} x = -1 + 3t \\ y = 1 + 2t \\ z = -t \end{cases}$ 代入平面 π 的方程中得到

$3(-1+3t-2) + 2(1+2t-1) - (-t-3) = 0$ 解得 $t = \dfrac{3}{7}$，从而得到交点 $Q\left(\dfrac{2}{7}, \dfrac{13}{7}, -\dfrac{3}{7}\right)$，由两点式可得到过点 P 和点 Q 的直线方程：$\dfrac{x-2}{2} = \dfrac{x-1}{-1} = \dfrac{x-3}{4}$.

解法 2：先将直线化成一般式：$\begin{cases} 2x - 3y + 5 = 0 \\ x + 3z + 1 = 0 \end{cases}$，并写出过该直线的平面束方程 $(2x-3y+5) + \lambda(x+3z+1) = 0$ 或 $(2+\lambda)x - 3y + 3\lambda z + 5 + \lambda = 0$. 再将点 $(2,1,3)$ 代入上述方程，解得 $\lambda = -\dfrac{1}{2}$，则经过 P 点与 l 的平面方程为 $x - 2y - z + 3 = 0$. 过 P 垂直于直线 l 的平面方程为：$3x + 2y - z - 5 = 0$，那么，所求直线就是所得两平面的交线：$\begin{cases} 3x + 2y - z - 5 = 0 \\ x - 2y - z + 3 = 0 \end{cases}$.

例 8.4.5 求直线 L: $\begin{cases} 4x - y + 3z - 1 = 0 \\ x + 5y - z + 2 = 0 \end{cases}$ 在平面 π: $2x - y + 5z - 3 = 0$ 上的投影直线的方程.

分析 在过直线 L 的平面束中找出与平面 π 垂直的平面方程,再与已知平面方程联立便得投影直线方程.

解: 过直线 L 的平面束方程为 $\pi(\lambda): 4x - y + 3z - 1 + \lambda(x + 5y - z + 2) = 0$,即 $(4+\lambda)x + (-1+5\lambda)y + (3-\lambda)z + 2\lambda - 1 = 0$. 由 $\pi(\lambda) \perp \pi$,得 $2(4+\lambda) + (1-5\lambda) + 5(3-\lambda) = 0$,解得 $\lambda = 3$. 将 $\lambda = 3$ 代入 $\pi(\lambda)$ 方程,得与平面 π 垂直的平面 π_1 的方程为 $7x + 14y + 5 = 0$,故所求直线投影直线的方程为

$$\begin{cases} 7x + 14y + 5 = 0 \\ 2x - y + 5z - 3 = 0 \end{cases}.$$

8.4.3 练习题

习题(基础训练)

1. 将直线的一般式方程 $\begin{cases} 2x - y + 3z - 1 = 0 \\ 5x + 4y - z - 7 = 0 \end{cases}$ 化为对称式与参数式方程.

2. 求过点 $(0,2,4)$ 且与平面 $x + 2z = 1$ 及 $y - 3z = 2$ 平行的直线方程.

3. 求过点 $(1,2,-1)$ 且与直线 $\begin{cases} 2x - 3y + z - 5 = 0 \\ 3x + y - 2z - 4 = 0 \end{cases}$ 垂直的平面方程.

4. 求过点 $(4,-1,3)$ 且平行于直线 $\dfrac{x-3}{2}=\dfrac{y}{1}=\dfrac{z-1}{5}$ 的直线方程.

5. 求直线 $\begin{cases} 5x-3y+3z-9=0 \\ 3x+2y+z-1=0 \end{cases}$ 与直线 $\begin{cases} 2x+2y-z+23=0 \\ 3x+8y+z-18=0 \end{cases}$ 的夹角余弦.

6. 求直线 $\begin{cases} x+y+3z=0 \\ x-y-z=0 \end{cases}$ 与平面 $x-y-z+1=0$ 的夹角.

习题(能力提升)

1. 求 通 过 点 $M_0(-1,2,3)$ 且 垂 直 于 直 线 L_0: $\begin{cases} x=4t+1 \\ y=5t+2 \\ z=6t+3 \end{cases}$，且 平 行 于 平 面

π: $7x+8y+9z-2=0$ 的直线 L 的方程.

2. 求过点 $A(-1,0,4)$ 且平行于平面 π: $3x-4y+z-10=0$ 又与直线 L_0: $\dfrac{x+1}{1}=\dfrac{y-3}{1}=\dfrac{z}{2}$ 相交的直线 L 的方程.

3. 求直线 L: $\begin{cases} 2x-4y+z=0 \\ 3x-y-2z-9=0 \end{cases}$ 在平面 π: $4x-y+z=1$ 上的投影直线 L 的方程.

4. 求点 $P(2,3,1)$ 在直线 $\begin{cases} x=t-7 \\ y=2t-2 \\ z=3t-2 \end{cases}$ 上的投影.

5. 试求点 $M_0(3,-4,4)$ 到直线 L: $\dfrac{x-4}{2}=\dfrac{y-5}{-2}=\dfrac{z-2}{1}$ 的距离 d.

8.5 曲面与曲线

8.5.1 重要知识点

1. 曲面方程

曲面 S 与三元方程 $F(x,y,z)=0$ (隐式)，$z=f(x,y)$ (显式)有下述关系：

(1) 曲面 S 上任一点的坐标满足方程；

(2) 不在曲面 S 上的点的坐标都不满足方程.

则三元方程叫作曲面 S 的方程，曲面 S 叫作方程的图形.

2. 旋转曲面

平面曲线绕其所在平面上的一条定直线旋转一周所生成的曲面称为旋转曲面.常见旋转曲面有：

(1) 圆锥面：$z=\sqrt{x^2+y^2}$；

(2) 旋转抛物面：$z=x^2+y^2$；

(3) 旋转椭球面：$\dfrac{x^2+y^2}{a^2}+\dfrac{z^2}{c^2}=1$.

3. 柱面

直线 L 平行于某一定直线并沿定曲线 C 移动所生成的曲面叫柱面，曲线 C 叫柱面的准线，动直线 L 叫柱面的母线.

常见柱面有：

(1) 圆柱面：$x^2+y^2=R^2$；

(2) 椭圆柱面：$\dfrac{x^2}{a^2}+\dfrac{y^2}{b^2}=1$；

(3) 抛物柱面：$x^2-2py=0$；

(4) 双曲柱面：$\dfrac{x^2}{a^2}-\dfrac{y^2}{b^2}=1$.

4. 常见二次曲面

(1) 球面：$(x-a)^2+(y-b)^2+(z-c)^2=R^2$，其中：球心坐标为 (a,b,c)，半径为 R；

(2) 椭球面：$\dfrac{x^2}{a^2}+\dfrac{y^2}{b^2}+\dfrac{z^2}{c^2}=1(a,b,c>0)$；

(3) 单叶双曲面：$\dfrac{x^2}{a^2}+\dfrac{y^2}{b^2}+\dfrac{z^2}{c^2}=1(a,b,c>0)$；

(4) 双叶双曲面: $\dfrac{x^2}{a^2} + \dfrac{y^2}{b^2} - \dfrac{z^2}{c^2} = -1 (a, b, c > 0)$;

(5) 双曲抛物面: $\dfrac{x^2}{p^2} - \dfrac{y^2}{q^2} = 2z (p, q$ 同号$)$;

(6) 椭圆抛物面: $\dfrac{x^2}{p^2} + \dfrac{y^2}{q^2} = 2z (p, q$ 同号$)$.

5. 曲线方程

(1) 一般式: $\begin{cases} F(x, y, z) = 0 \\ G(x, y, z) = 0 \end{cases}$;

(2) 参数式: $\begin{cases} x = x(t) \\ y = y(t) \\ z = z(t) \end{cases} \quad \alpha \leqslant t \leqslant \beta$.

6. 投影柱面与投影曲线

空间曲线 C $\begin{cases} F(x, y, z) = 0 \\ G(x, y, z) = 0 \end{cases}$ 关于 xOy 坐标面的投影柱面的方程为由 $\begin{cases} F(x, y, z) = 0 \\ G(x, y, z) = 0 \end{cases}$ 中消去

z 后所得方程 $H(x, y) = 0$, 其在 xOy 坐标面的投影曲线方程为 $\begin{cases} H(x, y) = 0 \\ z = 0 \end{cases}$.

同理, 消去方程组中的变量 x 或 y, 在分别和 $x = 0$ 或 $y = 0$ 联立, 就可得到曲线 C 在 yOz 面或 xOz 面上的投影的曲线方程: $\begin{cases} R(y, z) = 0 \\ x = 0 \end{cases}$ 或 $\begin{cases} T(x, z) = 0 \\ y = 0 \end{cases}$.

8.5.2　典型例题解析

1. 空间一点若要落在一张曲面上, 它的坐标 x, y, z 就要具有某种制约, 而曲面的制约在代数上就表现为一个方程 $F(x, y, z) = 0$. 反之, 满足一个方程的点的全体在空间的几何形状一般是曲面, 所以求解一张曲面的方程就是将其点的制约关系用代数方程加以标示.

2. 运用解析法对曲面标准方程进行讨论的步骤.

(1) 曲面的对称性: 讨论图形各部分之间的关系;

(2) 曲面范围: 讨论图形存在的范围;

(3) 曲面和坐标轴、坐标平面的关系;

(4) 利用截痕法研究截面曲线的变化.

3. 投影柱面方程和投影曲线方程的求法.

空间曲线 $\begin{cases} F(x, y, z) = 0 \\ G(x, y, z) = 0 \end{cases}$ 关于 xOy 坐标面的投影柱面方程是由 $\begin{cases} F(x, y, z) = 0 \\ G(x, y, z) = 0 \end{cases}$ 中消去 z 后

所得方程 $H(x, y) = 0$；在 xOy 坐标面上的投影曲线方程为 $\begin{cases} H(x, y) = 0 \\ z = 0 \end{cases}$，同理，可以求出

它关于其他坐标面的投影柱面和投影曲线的方程(如例 8.5.4).

4．点在平面(直线)上的投影的求法.

点在平面(直线)上的投影，过点作直线(平面)与已知平面(直线)垂直，将直线方程化为参数方程，代入平面方程，求出参数 t，即可得投影点(如例 8.5.6).

5．立体向某坐标面的投影的求法.

求立体向某坐标面的投影时，把立体看作由某些对该坐标面而言的简单曲面(即单值函数对应的曲面)以及母线垂直于该坐标面的柱面所围成，所以，只要求出这些简单曲面的边界曲线(即这些曲面的交线)在该坐标面上的投影，即可得出立体的投影区域. 当然，如能先做出立体图，则更有利于求投影区域.

6．旋转曲面方程的求法.

(1) 曲线 $\begin{cases} f(x, y) = 0 \\ z = 0 \end{cases} \xrightarrow{\text{绕}x\text{轴}}$ 旋转曲面：$f(x, \pm\sqrt{y^2 + z^2}) = 0$；

(2) 曲线 $\begin{cases} f(y, z) = 0 \\ x = 0 \end{cases} \xrightarrow{\text{绕}z\text{轴}}$ 旋转曲面：$f(\pm\sqrt{x^2 + y^2}, z) = 0$(如例 8.5.5).

例 8.5.1　写出满足下列条件的动点轨迹方程，它们分别表示什么曲面?

(1) 动点到坐标原点的距离等于它到点 $(2, 3, 4)$ 的距离的一半；

(2) 动点到 x 轴的距离等于它到 yOz 平面的距离的二倍.

分析　利用点到点，点到数轴及点到坐标平面的距离公式构造曲面方程，进而分析是何曲面.

解：(1) 由两点间距离公式得

$$\sqrt{x^2 + y^2 + z^2} = \frac{1}{2}\sqrt{(x-2)^2 + (y-3)^2 + (z-4)^2}$$

两边平方并化简再重新配方，得

$$\left(x + \frac{2}{3}\right)^2 + (y+1)^2 + \left(z + \frac{4}{3}\right)^2 = \frac{116}{9}$$

此为球面.

(2) 设 (x, y, z) 是动点，它到 x 轴的距离是 $\sqrt{y^2 + z^2}$，由条件知 $\sqrt{y^2 + z^2} = 2|x|$，经两边平方及移项可得 $4x^2 - y^2 - z^2 = 0$，此为圆锥面.

例 8.5.2　求经过点 $(-1, -2, -5)$ 且和三个坐标平面都相切的球面方程.

分析　由条件，球心到三个坐标平面的距离相等，并且就等于球面半径，又由于球面经过 $(-1, -2, -5)$ 点，所以球面在第七卦限，由球面的标准方程可得结果.

解：设球面半径为 $a(a > 0)$，则球心坐标为 $(-a, -a, -a)$，方程为 $(x+a)^2 + (y+a)^2 +$

$(z+a)^2 = a^2$．代入点 $(-1,-2,-5)$ 得 $(-1+a)^2 + (-2+a)^2 + (-5+a)^2 = a^2$，化简得 $a^2 - 8a + 15 = 0$，解得 $a=3$或$a=5$，于是，所求球面方程为

$$(x+3)^2 + (y+3)^2 + (z+3)^2 = 3^2，\quad 或 \quad (x+5)^2 + (y+5)^2 + (z+5)^2 = 5^2.$$

例 8.5.3 设曲面的参数方程为 $\begin{cases} x = a(\mu + \lambda), \\ y = b(\mu - \lambda), (a>0, b>0), \\ z = 2\mu \cdot \lambda, \end{cases}$ $\lambda, \mu \in (-\infty, +\infty)$，求曲面的

一般方程.

分析 消去参数 λ 与 μ，建立变量 x, y, z 的关系即可.

解： 由前两个方程解得 $\mu = \dfrac{1}{2}\left(\dfrac{x}{a} + \dfrac{y}{b}\right)$，$\lambda = \dfrac{1}{2}\left(\dfrac{x}{a} - \dfrac{y}{b}\right)$，代入第三个方程得

$z = \dfrac{x^2}{2a^2} - \dfrac{y^2}{2b^2}$，此为一个双曲抛物面.

例 8.5.4 求椭圆抛物面 $z = x^2 + 2y^2$ 与抛物柱面 $z = 2 - x^2$ 的交线关于 xOy 面的投影柱面方程和在 xOy 面上的投影曲线方程.

解： 由 $\begin{cases} z = x^2 + 2y^2 \\ z = 2 - x^2 \end{cases}$，消去 z 得 $x^2 + y^2 = 1$，即为投影柱面方程.

而 $\begin{cases} x^2 + y^2 = 1 \\ z = 0 \end{cases}$，即为所给曲线在 xOy 面上的投影曲线方程.

例 8.5.5 (1) xOy 平面上的双曲线 $4x^2 - 9y^2 = 36$ 绕 y 轴旋转一周所得曲面方程为

_____;

(2) xOy 平面上的圆 $(x-2)^2 + y^2 = 1$ 绕 y 轴旋转一周所得曲面方程为 _____;

(3) yOz 平面上的直线 $2y - 3z + 1 = 0$ 绕 z 轴旋转一周所得曲面方程为 _____.

解： (1) 旋转轴为 y 轴，xOy 平面上的双曲线方程 $4x^2 - 9y^2 = 36$ 中保留 y 不变，而 x 用 $\pm\sqrt{x^2 + z^2}$ 代替，则旋转曲面方程为 $4(\pm\sqrt{x^2+z^2})^2 - 9y^2 = 36$，即 $4x^2 + 4z^2 - 9y^2 = 36$(旋转单叶双曲面);

(2) y 为转轴，以 $\pm\sqrt{x^2 + z^2}$ 替换 x，得旋转曲面方程为 $(\pm\sqrt{x^2+z^2} - 2)^2 + y^2 = 1$.

(3) 旋转轴为 z 轴，故保留 z 不变，以 $\pm\sqrt{x^2 + y^2}$ 替代 y，得旋转曲面方程为 $2(\pm\sqrt{x^2+y^2}) - 3z + 1 = 0$，即 $4(x^2 + y^2) = (3z - 1)^2$.

例 8.5.6 (1) 求点 $A(2,3,1)$ 在直线 $L: \dfrac{x+7}{1} = \dfrac{y+2}{2} = \dfrac{z+2}{3}$ 上的投影点;

(2) 求点 $A(-1, 2, 0)$ 在平面 $x + 2y - z + 1 = 0$ 上的投影点.

分析 (1) 过点 A 作直线 L 的垂面 π，L 与 π 的交点即为 A 的投影点;

(2) 过 A 点作平面的垂线，垂足即为 A 的投影点.

解： (1) 过点 $A(2,3,1)$ 作与已知直线垂直的平面 π，方程为 $\pi: (x-2) + 2(y-3)$

$+3(z-1)=0$, 即 π: $x+2y+3z-11=0$.

将直线 L 的方程改写成参数式方程 L: $\begin{cases} x=t-7 \\ y=2t-2 \\ z=3t-2 \end{cases}$ 代入平面 π 的方程, 解得 $t=2$, 于是, 所求投影点为 $(-5,2,4)$.

(2) 过点 $A(-1,2,0)$ 作与已知平面垂直的直线 L, 其方程为 L: $\dfrac{x+1}{1}=\dfrac{y-2}{2}=\dfrac{z}{-1}$, 其参数方程为 $\begin{cases} x=t-1 \\ y=2t+2 \\ z=-t \end{cases}$, 将其代入已知平面方程中, 解得 $t=-\dfrac{2}{3}$, 故所求投影点为 $\left(-\dfrac{5}{3},\dfrac{2}{3},\dfrac{2}{3}\right)$.

例 8.5.7 将曲线的一般方程 $\begin{cases} x^2+y^2+z^2=9 \\ y=x \end{cases}$ 化为参数方程.

解: 消去 y, 得 $2x^2+z^2=9$, 即 $\dfrac{x^2}{(3/\sqrt{2})^2}+\dfrac{z^2}{3^2}=1$, 则所求参数方程 $x=y=\dfrac{3}{\sqrt{2}}\cos\theta$, $z=3\sin\theta, 0\leqslant\theta\leqslant 2\pi$.

8.5.3 练习题

习题(基础训练)

1. 建立以点 $(1,3,-2)$ 为球心且通过坐标原点的球面方程.

2. 将曲线的一般方程 $\begin{cases} (x-1)^2+y^2+(z+1)^2=4 \\ z=0 \end{cases}$ 化为参数方程.

3．求下列旋转曲面的方程．

(1) 将 xOy 面上的抛物线 $y = x^2 + 1$ 绕 y 轴旋转一周；

(2) 将 zOx 面上的双曲线 $\dfrac{x^2}{4} - \dfrac{z^2}{9} = 1$ 分别绕 x 轴，z 轴旋转一周；

(3) 将 xOy 面上的直线 $x - 2y + 1 = 0$ 绕 y 轴旋转一周．

4．指出下列各方程所表示的柱面．

(1) $\left(x - \dfrac{a}{2}\right)^2 + y^2 = \left(\dfrac{a}{2}\right)^2$；

(2) $-\dfrac{x^2}{4} + \dfrac{y^2}{9} = 1$；

(3) $\dfrac{x^2}{9} + \dfrac{z^2}{4} = 1$；

(4) $y^2 - z = 0$.

5. 求曲线 $\begin{cases} z = 4 - x^2 \\ x^2 + y^2 = 2 \end{cases}$ 在三个坐标面上的投影曲线方程.

习题(能力提升)

1. 求曲面 $y = \dfrac{x^2}{4} - \dfrac{z^2}{9}$ 与三个坐标面的交线，并指出是何曲线.

2. 求 xOz 坐标面上的抛物线 $z^2 = 2px$ 分别绕其对称轴和过顶点的切线旋转而生成的旋转曲面的方程.

3. 求点 $M_0(1,2,-5)$ 在平面 π: $x-2y+z-10=0$ 上的垂直投影点.

4. 设直线 l 在 yOz 面上的投影曲线为 $\begin{cases} 4y-7z=5 \\ x=0 \end{cases}$，在 xOz 面上的投影曲线为 $\begin{cases} 4x+5z+3=0 \\ y=0 \end{cases}$，求直线 l 在 xOy 面上的投影曲线.

5. 求圆周 $\begin{cases} (x+2)^2+(y-1)^2+(z+4)^2=2 \\ 6x-3y-2z=0 \end{cases}$ 的圆心坐标和半径.

第9章 多元函数微分学

本章知识导航:

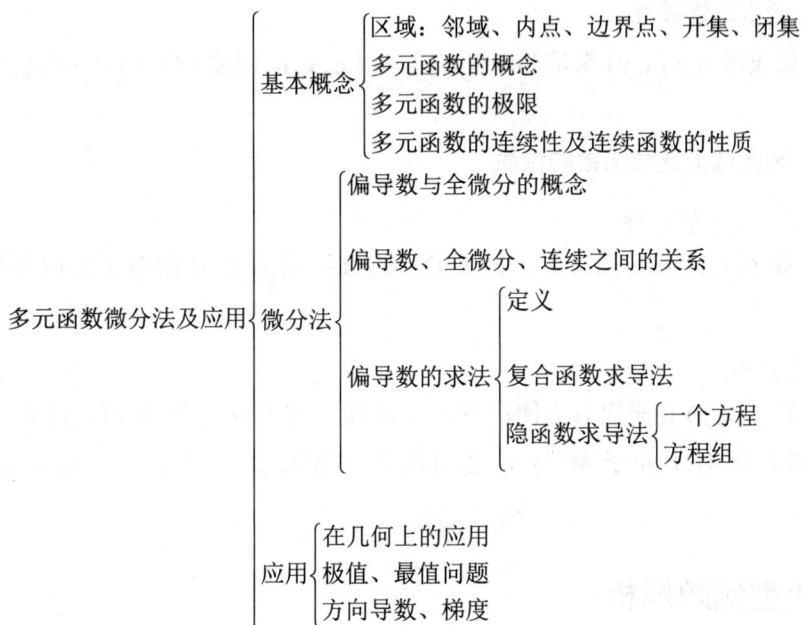

$$
\text{多元函数微分法及应用}
\begin{cases}
\text{基本概念}
\begin{cases}
\text{区域: 邻域、内点、边界点、开集、闭集} \\
\text{多元函数的概念} \\
\text{多元函数的极限} \\
\text{多元函数的连续性及连续函数的性质}
\end{cases} \\[2em]
\text{微分法}
\begin{cases}
\text{偏导数与全微分的概念} \\
\text{偏导数、全微分、连续之间的关系} \\
\text{偏导数的求法}
\begin{cases}
\text{定义} \\
\text{复合函数求导法} \\
\text{隐函数求导法}
\begin{cases}
\text{一个方程} \\
\text{方程组}
\end{cases}
\end{cases}
\end{cases} \\[2em]
\text{应用}
\begin{cases}
\text{在几何上的应用} \\
\text{极值、最值问题} \\
\text{方向导数、梯度}
\end{cases}
\end{cases}
$$

9.1 多元函数的概念

9.1.1 重要知识点

1. 二元函数的定义

定义: 如果对两个独立的变量 x 与 y 在给定的变域中所取的每一组值, 变量 z 依照某一对应法则, 有一个确定的值与之对应, 则称 z 是 x、y 的二元函数, 记作 $z = f(x, y)$, 其中 x, y 称为自变量, z 称为函数或因变量, x 与 y 的变域称为二元函数的定义域.

满足二元函数 $z = f(x, y)$ 的点 (x, y, z), 即二元函数的图像一般来说是一个曲面, 曲面在 xOy 面上的投影区域是二元函数的定义域.

2. 二元函数的极限(二重极限)

定义: 设二元函数 $z = f(x, y)$, 如果对于任意给定的正数 ε, 总存在正数 δ, 使得对满足 $0 < \sqrt{(x - x_0)^2 + (y - y_0)^2} < \delta$ 的一切点 (x, y), 都有 $|f(x, y) - A| < \varepsilon$ 成立, 则称当点 (x, y) 趋于点 (x_0, y_0) 时, 函数 $f(x, y)$ 以 A 为极限, 记作 $\lim\limits_{\substack{x \to x_0 \\ y \to y_0}} f(x, y) = A$.

注：二重极限存在，是指点 (x, y) 沿任何路径趋于点 (x_0, y_0) 时，函数值都无限接近于 A。如果点 (x, y) 沿着一特定的路径趋于点 (x_0, y_0) 时，函数无限接近于某确定值，此时函数的极限未必存在。如果点 (x, y) 沿不同的路径趋于点 (x_0, y_0) 时，函数趋于不同的值，则函数的极限不存在。

3. 二元函数的连续性

定义：如果函数 $f(x, y)$ 满足 $\lim\limits_{\substack{x \to x_0 \\ y \to y_0}} f(x, y) = f(x_0, y_0)$，则称 $f(x, y)$ 在点 (x_0, y_0) 处连续.

4. 有界闭区域上连续函数的性质

(1) 最大、最小值定理.

如果函数 $f(x, y)$ 在平面有界闭区域 D 上连续，则 $f(x, y)$ 在 D 上能取得最大值与最小值.

(2) 介值定理.

如果函数 $f(x, y)$ 在平面有界闭区域 D 上连续，M 与 m 分别为 $f(x, y)$ 在 D 上的最大值与最小值，则对于介于 M 与 m 之间的任一实数 μ，必存在点 $(\xi, \eta) \in D$，使得 $f(\xi, \eta) = \mu$.

9.1.2　典型例题解析

例 9.1.1　讨论 $f(x, y) = \dfrac{xy^2}{x^2 + y^4}$ 当 $(x, y) \to$ 点 $(0, 0)$ 时的极限是否存在.

分析　由于二重极限中要求趋近方式必须是任意的，所以当证明点 (x, y) 沿着不同的方式趋于 (x_0, y_0) 时，函数 $f(x, y)$ 趋于不同的值的话，此时我们就可以断定二重极限 $\lim\limits_{\substack{x \to x_0 \\ y \to y_0}} f(x, y)$ 不存在.

解：当点 (x, y) 沿直线 $y = kx$ 趋于点 $(0, 0)$ 时，

$$\lim_{\substack{x \to 0 \\ y = kx \to 0}} \frac{xy^2}{x^2 + y^4} = \lim_{x \to 0} \frac{x \cdot k^2 x^2}{x^2 + k^4 x^4} = \lim_{x \to 0} \frac{k^2 x}{1 + k^4 x^2} = 0 .$$

可见，点 (x, y) 沿任何直线方式趋于点 $(0, 0)$ 时，函数极限都是零. 然而，由此肯定函数的极限为零是不对的，因为

当点 (x, y) 沿二次曲线 $x = ky^2 \ (k \neq 0)$ 趋于点 $(0, 0)$ 时，

$$\lim_{\substack{x = ky^2 \to 0 \\ y \to 0}} \frac{xy^2}{x^2 + y^4} = \lim_{y \to 0} \frac{ky^4}{k^2 y^4 + y^4} = \frac{k}{1 + k^2} ,$$

此时，极限值与 k 有关且不为零，因此，$\lim\limits_{\substack{x \to 0 \\ y \to 0}} \dfrac{xy^2}{x^2 + y^4}$ 不存在.

例 9.1.2　求极限 $\lim\limits_{\substack{x\to 0\\y\to 1}}\left(1+xy\right)^{\frac{1}{x}}$.

分析　由于一元函数极限与多元函数极限定义形式上的同一性，使我们可以把不涉及一元函数极限特性的结论和方法都可直接应用到多元函数的极限上来，例如，极限的四则运算法则，连续函数的极限，复合函数的极限，重要极限以及夹逼定理等.

解：$\lim\limits_{\substack{x\to 0\\y\to 1}}\left(1+xy\right)^{\frac{1}{x}}=\lim\limits_{\substack{x\to 0\\y\to 1}}\left[\left(1+xy\right)^{\frac{1}{xy}}\right]^{y}=\left[\lim\limits_{\substack{x\to 0\\y\to 1}}\left(1+xy\right)^{\frac{1}{xy}}\right]^{\lim\limits_{y\to 1}y}=\mathrm{e}^{1}=\mathrm{e}$.

例 9.1.3　讨论函数 $f\left(x,y\right)=\begin{cases}x\sin\dfrac{1}{y},&y\neq 0,\\[2mm]0,&y=0\end{cases}$ 在点 $\left(0,0\right)$ 处的连续性.

分析　无穷小量与有界函数的乘积仍然是无穷小量.

解：由定义 $f\left(0,0\right)=0$，而当 $\left(x,y\right)\to$ 点 $\left(0,0\right)$ 时，x 是无穷小，$\sin\dfrac{1}{y}$ 是有界函数，

从而 $\lim\limits_{\substack{x\to 0\\y\to 0}}f\left(x,y\right)=\lim\limits_{\substack{x\to 0\\y\to 0}}x\sin\dfrac{1}{y}=0$.

所以，$\lim\limits_{\substack{x\to 0\\y\to 0}}f\left(x,y\right)=f\left(0,0\right)$，即 $f\left(x,y\right)$ 在点 $\left(0,0\right)$ 处连续.

9.1.3　练习题

习题(基础训练)

1. 已知函数 $f\left(x,y\right)=x^2+y^2-xy\tan\dfrac{x}{y}$，求 $f\left(tx,ty\right)$.

2. 求函数 $z=\arcsin\dfrac{x^2+y^2}{4}+\sqrt{x^2+y^2-1}$ 的定义域.

3. 求极限 $\lim\limits_{\substack{x\to\infty\\y\to a}}\left(1-\dfrac{1}{x}\right)^{\frac{x^2}{x+y}}$.

4. 证明极限 $\lim\limits_{\substack{x\to 0\\y\to 0}}\dfrac{x^2-y^2}{x^2+y^2}$ 不存在.

5. 研究函数 $f(x,y)=\begin{cases}\dfrac{2xy}{x^2+y^2}, & x^2+y^2\neq 0,\\[2mm] 0, & x^2+y^2=0.\end{cases}$ 在点 $(0,0)$ 处的连续性.

习题(能力提升)

1. 已知 $f\left(x+y,\mathrm{e}^{x-y}\right)=4xy\mathrm{e}^{x-y}$, 求 $f(x,y)$.

2．求极限 $\lim\limits_{\substack{x\to 0 \\ y\to 0}} \dfrac{3-\sqrt{9+xy}}{xy}$ ．

3．证明极限 $\lim\limits_{\substack{x\to 0 \\ y\to 0}} \dfrac{x^2 y}{x^4+y^2}$ 不存在．

9.2　偏　导　数

9.2.1　重要知识点

1．偏导数的定义

定义：设函数 $z=f(x,y)$ 在点 (x_0,y_0) 的某一邻域内有定义，当 y 固定在 y_0，而 x 在 x_0 处有增量 Δx 时，相应地，函数有增量 $f(x_0+\Delta x,y_0)-f(x_0,y_0)$．若极限 $\lim\limits_{\Delta x\to 0}\dfrac{f(x_0+\Delta x,y_0)-f(x_0,y_0)}{\Delta x}$ 存在，则称此极限为函数 $z=f(x,y)$ 在点 (x_0,y_0) 处对 x 的偏导数，并记作 $\dfrac{\partial z}{\partial x}\Big|_{\substack{x=x_0 \\ y=y_0}},\dfrac{\partial f}{\partial x}\Big|_{\substack{x=x_0 \\ y=y_0}},z_x\Big|_{\substack{x=x_0 \\ y=y_0}},f_x(x_0,y_0)$，即

$$f_x(x_0,y_0)=\lim_{\Delta x\to 0}\frac{f(x_0+\Delta x,y_0)-f(x_0,y_0)}{\Delta x}$$

类似地，函数 $z=f(x,y)$ 在点 (x_0,y_0) 处对 y 的偏导数定义为

$$f_y(x_0,y_0)=\lim_{\Delta y\to 0}\frac{f(x_0,y_0+\Delta y)-f(x_0,y_0)}{\Delta y}$$

定义：如果函数 $z=f(x,y)$ 在区域 D 内每一点 (x,y) 处对 x 的偏导数都存在，那么这样的对应关系就确定了一个关于 x,y 的函数，称它为函数 $z=f(x,y)$ 对自变量 x 的偏导函数(简称为偏导数)，记作 $\dfrac{\partial z}{\partial x},\dfrac{\partial f}{\partial x},z_x,f_x(x,y)$．

类似地，可以定义函数 $z = f(x, y)$ 对自变量 y 的偏导函数(简称为偏导数)，记作 $\dfrac{\partial z}{\partial y}, \dfrac{\partial f}{\partial y}, z_y, f_y(x, y)$．

2．偏导数的计算

$z = f(x, y)$：

求 $\dfrac{\partial z}{\partial x}$ 时，把 y 看成常量，而对 x 求导数；

求 $\dfrac{\partial z}{\partial y}$ 时，把 x 看成常量，而对 y 求导数．

三元以及三元以上的函数求偏导时，与此相类似，即对哪个变量求偏导，就把其余变量当成常量对待．

3．偏导数的几何意义

$f_x(x_0, y_0)$ 是曲面 $z = f(x, y)$ 与平面 $y = y_0$ 的交线在点 $(x_0, y_0, f(x_0, y_0))$ 处的切线关于 x 轴的斜率．

$f_y(x_0, y_0)$ 是曲面 $z = f(x, y)$ 与平面 $x = x_0$ 的交线在点 $(x_0, y_0, f(x_0, y_0))$ 处的切线关于 y 轴的斜率．

4．二元函数的偏导数与连续性之间的关系

二元函数在某点的偏导数的存在性与其在该点的连续性之间没有必然的联系．

5．高阶偏导数

(1) 定义：$\dfrac{\partial^2 z}{\partial x^2} = \dfrac{\partial}{\partial x}\left(\dfrac{\partial z}{\partial x}\right), \dfrac{\partial^2 z}{\partial x \partial y} = \dfrac{\partial}{\partial y}\left(\dfrac{\partial z}{\partial x}\right), \dfrac{\partial^2 z}{\partial y \partial x} = \dfrac{\partial}{\partial x}\left(\dfrac{\partial z}{\partial y}\right), \dfrac{\partial^2 z}{\partial y^2} = \dfrac{\partial}{\partial y}\left(\dfrac{\partial z}{\partial y}\right)$．

(2) 求偏导与次序无关的条件：$\dfrac{\partial^2 z}{\partial x \partial y}, \dfrac{\partial^2 z}{\partial y \partial x}$ 在区域 D 内连续 $\Rightarrow \dfrac{\partial^2 z}{\partial x \partial y} = \dfrac{\partial^2 z}{\partial y \partial x}, (x, y) \in D$．

9.2.2　典型例题解析

三元以及三元以上的函数求偏导时，与此相类似，即对哪个变量求偏导，就把其余变量当成常数对待．

例 9.2.1　$z = y^2 \sin x + x\mathrm{e}^{2y}$，求 $\dfrac{\partial z}{\partial x}, \dfrac{\partial z}{\partial y}$．

分析　偏导数的计算．

求 $f_x(x, y)$ 时只需将 $f(x, y)$ 中的 y 作为常数对待，利用一元函数求导法对 x 求导即

可，求 $f_y(x,y)$ 时只需将 $f(x,y)$ 中的 x 作为常数对待，利用一元函数求导法对 y 求导即可．

解：$\dfrac{\partial z}{\partial x} = y^2 \cos x + \mathrm{e}^{2y}$　　　　　$\dfrac{\partial z}{\partial y} = 2y \sin x + 2x\mathrm{e}^{2y}$．

例 9.2.2　求 $z = x^2 + 3xy + y^2$ 在点 $(1,2)$ 处的偏导数．

分析　$f_x(x_0, y_0)$ 是偏导函数 $f_x(x,y)$ 在点 (x_0, y_0) 处的函数值；

$f_y(x_0, y_0)$ 是偏导函数 $f_y(x,y)$ 在点 (x_0, y_0) 处的函数值．

解法 1：$\dfrac{\partial z}{\partial x} = 2x + 3y,\ \dfrac{\partial z}{\partial y} = 3x + 2y$，则

$$\frac{\partial z}{\partial x}\bigg|_{\substack{x=1\\y=2}} = 8,\ \frac{\partial z}{\partial y}\bigg|_{\substack{x=1\\y=2}} = 7.$$

解法 2：$f(x,2) = x^2 + 6x + 4,\ f(1,y) = 1 + 3y + y^2$，则

$$f_x(1,2) = 2x + 6\big|_{x=1} = 8,\ f_y(1,2) = 3 + 2y\big|_{y=2} = 7.$$

例 9.2.3　求函数 $z = \ln\sqrt{x^2 + y^2}$ 的二阶偏导数．

分析　高阶偏导数．

解：$z = \ln\sqrt{x^2 + y^2} = \dfrac{1}{2}\ln(x^2 + y^2)$

$$\frac{\partial z}{\partial x} = \frac{1}{2}\frac{2x}{x^2 + y^2} = \frac{x}{x^2 + y^2} \qquad \frac{\partial z}{\partial y} = \frac{1}{2}\frac{2y}{x^2 + y^2} = \frac{y}{x^2 + y^2}$$

$$\frac{\partial^2 z}{\partial x^2} = \frac{x^2 + y^2 - x \cdot 2x}{(x^2 + y^2)^2} = \frac{y^2 - x^2}{(x^2 + y^2)^2}$$

$$\frac{\partial^2 z}{\partial y \partial x} = \frac{\partial^2 z}{\partial x \partial y} = \frac{-x \cdot 2y}{(x^2 + y^2)^2} = \frac{-2xy}{(x^2 + y^2)^2}$$

$$\frac{\partial^2 z}{\partial y^2} = \frac{x^2 + y^2 - y \cdot 2y}{(x^2 + y^2)^2} = \frac{x^2 - y^2}{(x^2 + y^2)^2}.$$

9.2.3　练习题

习题(基础训练)

1. 选择题.

二元函数 $f(x,y)$ 在点 (x_0, y_0) 处两个偏导数 $f_x(x_0, y_0), f_y(x_0, y_0)$ 存在是 $f(x,y)$ 在该点

连续的(　　)．

　　　　A. 充分条件而非必要条件　　　　B. 必要条件而非充分条件

　　　　C. 充分必要条件　　　　D. 既非充分又非必要条件

2．求下列函数的偏导数．

(1)　$z = x^2 \ln\left(x^2 + y^2\right)$；

(2)　$z = xy + \dfrac{x}{y}$；

(3)　$z = \mathrm{e}^{xy}$；

(4)　$u = x^{\frac{y}{z}}$．

3．求下列函数的 $\dfrac{\partial^2 z}{\partial x^2}, \dfrac{\partial^2 z}{\partial y^2}$ 和 $\dfrac{\partial^2 z}{\partial x \partial y}$．

(1)　$z = x^4 + y^4 - 4x^2 y^2$；

(2)　$z = x \ln\left(xy\right)$．

4．设 $z = \mathrm{e}^{-\left(\frac{1}{x} + \frac{1}{y}\right)}$，求证 $x^2 \dfrac{\partial z}{\partial x} + y^2 \dfrac{\partial z}{\partial y} = 2z$．

习题(能力提升)

1．选择题．

二元函数 $f\left(x, y\right) = \begin{cases} \dfrac{xy}{x^2 + y^2}, & \left(x, y\right) \neq \left(0, 0\right) \\ 0, & \left(x, y\right) = \left(0, 0\right) \end{cases}$ 在点 $\left(0, 0\right)$ 处(　　　)．

A. 连续，偏导数存在　　　　　　B. 连续，偏导数不存在

C. 不连续，偏导数存在　　　　　D. 不连续，偏导数不存在

2. 设 $f(x,y)=x^2+(y-1)\arcsin\sqrt{\dfrac{x}{y}}$，求 $f_x(x,1), f_x(1,1)$.

3. 设 $u=\ln\tan\dfrac{y}{x}$，求 $\dfrac{\partial^2 u}{\partial x\partial y}$.

4. 讨论 $f(x,y)=\begin{cases}\dfrac{y+2x}{y-2x} & ,(x,y)\neq(0,0)\\ 1, & (x,y)=(0,0)\end{cases}$ 在点 $(0,0)$ 处是否连续？偏导数是否存在？

9.3　多元复合函数求导法则

9.3.1　重要知识点

1. 多元复合函数的求导方法

(1) $z=f(u,v)$，而 $u=\varphi(t)$，$v=\psi(t)$

$\xrightarrow{\text{复合而成}} z=f[\varphi(t),\psi(t)]$

$\dfrac{\mathrm{d}z}{\mathrm{d}t}=\dfrac{\partial z}{\partial u}\dfrac{\mathrm{d}u}{\mathrm{d}t}+\dfrac{\partial z}{\partial v}\dfrac{\mathrm{d}v}{\mathrm{d}t}$

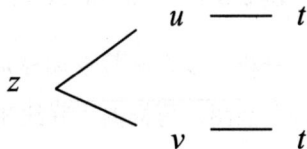

推广　$z = f(u,v,w)$，而 $u = \varphi(t)$，$v = \psi(t)$，$w = w(t)$

$$\xrightarrow{\text{复合而成}} z = f[\varphi(t),\psi(t),w(t)]$$

$$\frac{\mathrm{d}z}{\mathrm{d}t} = \frac{\partial z}{\partial u}\frac{\mathrm{d}u}{\mathrm{d}t} + \frac{\partial z}{\partial v}\frac{\mathrm{d}v}{\mathrm{d}t} + \frac{\partial z}{\partial w}\frac{\mathrm{d}w}{\mathrm{d}t}$$

(2)　$z = f(u,v)$，而 $u = \varphi(x,y)$，$v = \psi(x,y)$

$$\xrightarrow{\text{复合而成}} z = f[\varphi(x,y),\psi(x,y)]$$

$$\frac{\partial z}{\partial x} = \frac{\partial z}{\partial u}\frac{\partial u}{\partial x} + \frac{\partial z}{\partial v}\frac{\partial v}{\partial x} \qquad \frac{\partial z}{\partial y} = \frac{\partial z}{\partial u}\frac{\partial u}{\partial y} + \frac{\partial z}{\partial v}\frac{\partial v}{\partial y}$$

推广　$z = f(u,v,w)$，而 $u = \varphi(x,y)$，$v = \psi(x,y)$，$w = w(x,y)$

$$\xrightarrow{\text{复合而成}} z = f[\varphi(x,y),\psi(x,y),w(x,y)]$$

$$\frac{\partial z}{\partial x} = \frac{\partial z}{\partial u}\frac{\partial u}{\partial x} + \frac{\partial z}{\partial v}\frac{\partial v}{\partial x} + \frac{\partial z}{\partial w}\frac{\partial w}{\partial x} \qquad \frac{\partial z}{\partial y} = \frac{\partial z}{\partial u}\frac{\partial u}{\partial y} + \frac{\partial z}{\partial v}\frac{\partial v}{\partial y} + \frac{\partial z}{\partial w}\frac{\partial w}{\partial y}$$

(3)　$z = f(u,v)$，而 $u = \varphi(x,y)$，$v = \psi(y)$

$$\xrightarrow{\text{复合而成}} z = f[\varphi(x,y),\psi(y)]$$

$$\frac{\partial z}{\partial x} = \frac{\partial z}{\partial u}\frac{\partial u}{\partial x} \qquad \frac{\partial z}{\partial y} = \frac{\partial z}{\partial u}\frac{\partial u}{\partial y} + \frac{\partial z}{\partial v}\frac{\mathrm{d}v}{\mathrm{d}y}$$

特例　$z = f(u,x,y)$，而 $u = \varphi(x,y)$

$$\xrightarrow{\text{复合而成}} z = f[\varphi(x,y),x,y]$$

$$\frac{\partial z}{\partial x} = \frac{\partial f}{\partial u}\frac{\partial u}{\partial x} + \frac{\partial f}{\partial x} \qquad \frac{\partial z}{\partial y} = \frac{\partial f}{\partial u}\frac{\partial u}{\partial y} + \frac{\partial f}{\partial y}$$

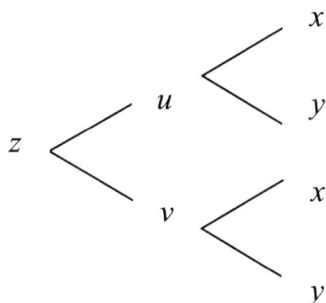

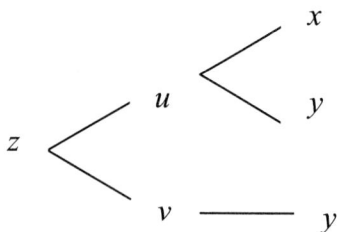

注意：这里的 $\dfrac{\partial z}{\partial x}$ 与 $\dfrac{\partial f}{\partial x}$ 是不同的，$\dfrac{\partial z}{\partial x}$ 是复合后的二元函数 $f[\varphi(x,y),x,y]$ 对 x 的偏导，是将 y 视为常数对 x 求导，而 $\dfrac{\partial f}{\partial x}$ 是三元函数 $f(u,x,y)$ 对 x 求偏导，是将 u,y 均视为常数对 x 求导. $\dfrac{\partial z}{\partial y}$ 与 $\dfrac{\partial f}{\partial y}$ 是类似的.

2. 抽象复合函数的偏导数

略.

9.3.2　典型例题解析

例 9.3.1　设 $u = x^y$，$x = \mathrm{e}^t$，$y = \sin t$，求 $\dfrac{\mathrm{d}u}{\mathrm{d}t}$.

分析　复合函数求偏导是本章的一个难点，对于初学者，在解决这类问题时，应先画复合关系图，再根据"联线相乘，分线相加"的链式法则写出计算公式.

$$u \begin{cases} x \text{——} t \\ y \text{——} t \end{cases}$$

解： $\dfrac{\mathrm{d}u}{\mathrm{d}t} = \dfrac{\partial u}{\partial x}\dfrac{\mathrm{d}x}{\mathrm{d}t} + \dfrac{\partial u}{\partial y}\dfrac{\mathrm{d}y}{\mathrm{d}t} = yx^{y-1}\cdot \mathrm{e}^t + x^y \ln x \cdot \cos t$.

例 9.3.2　设 $z = \mathrm{e}^u \sin v, u = xy, v = x + y$ ，求 $\dfrac{\partial z}{\partial x}, \dfrac{\partial z}{\partial y}$.

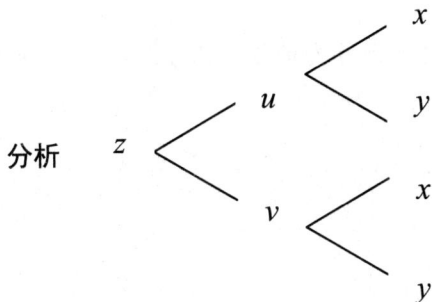

分析
$$z \begin{cases} u \begin{cases} x \\ y \end{cases} \\ v \begin{cases} x \\ y \end{cases} \end{cases}$$

解： $\dfrac{\partial z}{\partial x} = \dfrac{\partial z}{\partial u}\dfrac{\partial u}{\partial x} + \dfrac{\partial z}{\partial v}\dfrac{\partial v}{\partial x}$

$\qquad = \mathrm{e}^u \sin v \cdot y + \mathrm{e}^u \cos v \cdot 1$

$\qquad = \mathrm{e}^{xy}\left[y\sin(x+y) + \cos(x+y) \right]$;

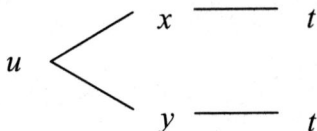

$\qquad \dfrac{\partial z}{\partial y} = \dfrac{\partial z}{\partial u}\dfrac{\partial u}{\partial y} + \dfrac{\partial z}{\partial v}\dfrac{\partial v}{\partial y}$

$\qquad = \mathrm{e}^u \sin v \cdot x + \mathrm{e}^u \cos v \cdot 1$

$\qquad = \mathrm{e}^{xy}\left[x\sin(x+y) + \cos(x+y) \right]$.

例 9.3.3　$u = f(x,y,z) = \mathrm{e}^{x^2+y^2+z^2}$ ，而 $z = x^2 \sin y$ ，求 $\dfrac{\partial u}{\partial x}$ 和 $\dfrac{\partial u}{\partial y}$.

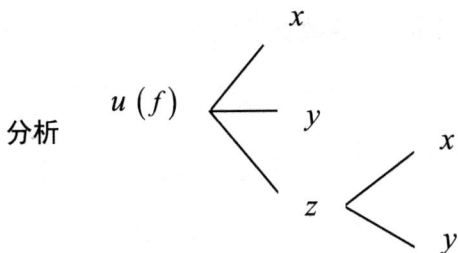

分析
$$u\,(f) \begin{cases} x \\ y \\ z \begin{cases} x \\ y \end{cases} \end{cases}$$

解： $\dfrac{\partial u}{\partial x} = \dfrac{\partial f}{\partial x} + \dfrac{\partial f}{\partial z}\dfrac{\partial z}{\partial x} = 2x\mathrm{e}^{x^2+y^2+z^2} + 2z\mathrm{e}^{x^2+y^2+z^2}\cdot 2x\sin y$

$\qquad = 2x\left(1 + 2z\sin y\right)\mathrm{e}^{x^2+y^2+z^2} = 2x\left(1 + 2x^2 \sin^2 y\right)\mathrm{e}^{x^2+y^2+x^4 \sin^2 y}$

$$\frac{\partial u}{\partial y} = \frac{\partial f}{\partial y} + \frac{\partial f}{\partial z}\frac{\partial z}{\partial y} = 2y\mathrm{e}^{x^2+y^2+z^2} + 2z\mathrm{e}^{x^2+y^2+z^2} \cdot x^2\cos y$$

$$= 2(y + x^2 z\cos y)\mathrm{e}^{x^2+y^2+z^2} = 2(y + x^4\sin y\cos y)\mathrm{e}^{x^2+y^2+x^4\sin^2 y}.$$

例 9.3.4 设二元函数 $z = xy + f\left(xy, \dfrac{x}{y}\right)$，其中 f 具有连续的二阶偏导数，求 $\dfrac{\partial z}{\partial x}, \dfrac{\partial z}{\partial y}, \dfrac{\partial^2 z}{\partial y^2}$.

分析 抽象复合函数的偏导数.

z 由两部分组成，一部分为具体函数 xy，另一部分为抽象函数 $f\left(xy, \dfrac{x}{y}\right)$. 这里，$f\left(xy, \dfrac{x}{y}\right)$ 可视为复合函数 $f(u,v)$，其中，$u = xy$，$v = \dfrac{x}{y}$.

若记 $\dfrac{\partial f}{\partial u} = f_1'$，$\dfrac{\partial f}{\partial v} = f_2'$，$\dfrac{\partial^2 f}{\partial u\partial v} = f_{12}''$ 等，则

$$\frac{\partial f}{\partial x} = \frac{\partial f}{\partial u}\frac{\partial u}{\partial x} + \frac{\partial f}{\partial v}\frac{\partial v}{\partial x} = yf_1' + \frac{1}{y}f_2'.$$

类似可求出 $\dfrac{\partial f}{\partial y}$ 及 f 的高阶偏导，但必须切记抽象复合函数的偏导数的复合结构与原函数的复合结构相同，即 f_1', f_2', f_{12}'' 等它们仍是复合函数 $f_1'\left(xy, \dfrac{x}{y}\right), f_2'\left(xy, \dfrac{x}{y}\right), f_{12}''\left(xy, \dfrac{x}{y}\right)$ 等.

解： $\dfrac{\partial z}{\partial x} = y + f_1' \cdot \dfrac{\partial(xy)}{\partial x} + f_2' \cdot \dfrac{\partial\left(\dfrac{x}{y}\right)}{\partial x} = y + yf_1' + \dfrac{1}{y}f_2'$

$$\frac{\partial z}{\partial y} = x + f_1' \cdot \frac{\partial(xy)}{\partial y} + f_2' \cdot \frac{\partial\left(\dfrac{x}{y}\right)}{\partial y} = x + xf_1' - \frac{x}{y^2}f_2'$$

注意到 $f_1' = f_1'\left(xy, \dfrac{x}{y}\right)$，$f_2' = f_2'\left(xy, \dfrac{x}{y}\right)$，从而运用复合函数求导法则可知

$$\frac{\partial f_1'}{\partial y} = f_{11}'' \cdot \frac{\partial(xy)}{\partial y} + f_{22}'' \cdot \frac{\partial\left(\dfrac{x}{y}\right)}{\partial y} = xf_{11}'' - \frac{x}{y^2}f_{12}'',$$

及 $\dfrac{\partial f_2'}{\partial y} = f_{21}'' \cdot \dfrac{\partial(xy)}{\partial y} + f_{22}'' \cdot \dfrac{\partial\left(\dfrac{x}{y}\right)}{\partial y} = xf_{21}'' - \dfrac{x}{y^2}f_{22}''$.

于是，
$$\frac{\partial^2 z}{\partial y^2} = \frac{\partial\left(\dfrac{\partial z}{\partial y}\right)}{\partial y} = \frac{\partial\left(x + xf_1' - \dfrac{x}{y^2}f_2'\right)}{\partial y}$$

$$= 0 + \frac{\partial\left(xf_1'\right)}{\partial y} - \frac{\partial\left(\dfrac{x}{y^2}f_2'\right)}{\partial y}$$

$$= x\frac{\partial f_1'}{\partial y} + 2\frac{x}{y^3}f_2' - \frac{x}{y^2}\frac{\partial f_2'}{\partial y}$$

$$= x\left[xf_{11}'' - \frac{x}{y^2}f_{12}''\right] + 2\frac{x}{y^3}f_2' - \frac{x}{y^2}\left[xf_{21}'' - \frac{x}{y^2}f_{22}''\right]$$

$$= x^2 f_{11}'' - \frac{2x^2}{y^2}f_{12}'' + \frac{x^2}{y^4}f_{22}'' + \frac{2x}{y^3}f_2'.$$

注意： 由于 f 具有二阶连续偏导数，故 $f_{12}'' = f_{21}''$，式中将此两项进行了合并.

9.3.3 练习题

习题(基础训练)

1. 设 $u = \mathrm{e}^{x-2y}$，$x = \sin t$，$y = t^3$，求 $\dfrac{\mathrm{d}u}{\mathrm{d}t}$.

2. 设 $z = u^2 v + \sin t$，其中 $u = \mathrm{e}^t$，$v = \cos t$，求 $\dfrac{\mathrm{d}z}{\mathrm{d}t}$.

3. 设 $z = u^2 + v^2$，而 $u = x + y$，$v = x - y$，求 $\dfrac{\partial z}{\partial x}$，$\dfrac{\partial z}{\partial y}$.

4. $z = \sin\left(v^2 - u\right)$, 其中 $u = 4xy$, $v = x + y$, 求 $\dfrac{\partial z}{\partial x}$, $\dfrac{\partial z}{\partial y}$.

5. 设 $u = \arctan\left(xyz\right), z = \mathrm{e}^{xy}$, 求 $\dfrac{\partial u}{\partial x}$, $\dfrac{\partial u}{\partial y}$.

6. 设 $z = f\left(xy^2, x^2 + 2y\right), f\left(u, v\right)$ 有一阶连续偏导数, 求 $\dfrac{\partial z}{\partial x}$, $\dfrac{\partial z}{\partial y}$.

习题(能力提升)

设 $z = xf\left(x, \dfrac{y}{x}\right)$, 其中 f 具有连续的二阶偏导数, 求 $\dfrac{\partial^2 z}{\partial x \partial y}$.

9.4　隐函数求导法则

9.4.1　重要知识点

一个方程的情形：

1. 若方程 $F(x,y)=0$ 确定 $y=y(x)$，则 $\dfrac{\mathrm{d}y}{\mathrm{d}x}=-\dfrac{F_x}{F_y}$.

2. 若方程 $F(x,y,z)=0$ 确定 $z=z(x,y)$，则 $\dfrac{\partial z}{\partial x}=-\dfrac{F_x}{F_z},\dfrac{\partial z}{\partial y}=-\dfrac{F_y}{F_z}$.

方程组的情形：

3. 若方程组 $\begin{cases} F(x,y,z)=0 \\ G(x,y,z)=0 \end{cases}$，确定 $y=y(x)$，$z=z(x)$，只要将每个方程两边分别对 x 求

导，得 $\begin{cases} F_x+F_y\dfrac{\mathrm{d}y}{\mathrm{d}x}+F_z\dfrac{\mathrm{d}z}{\mathrm{d}x}=0 \\ G_x+G_y\dfrac{\mathrm{d}y}{\mathrm{d}x}+G_z\dfrac{\mathrm{d}z}{\mathrm{d}x}=0 \end{cases}$，解上述关于 $\dfrac{\mathrm{d}y}{\mathrm{d}x},\dfrac{\mathrm{d}z}{\mathrm{d}x}$ 的二元一次方程组，求出 $\dfrac{\mathrm{d}y}{\mathrm{d}x}\dfrac{\mathrm{d}z}{\mathrm{d}x}$ 即可.

4. 若方程组 $\begin{cases} F(x,y,u,v)=0 \\ G(x,y,u,v)=0 \end{cases}$，确定 $u=u(x,y)$，$v=v(x,y)$，可类似地将每个方程两

边分别对 x 求偏导，求出 $\dfrac{\partial u}{\partial x},\dfrac{\partial v}{\partial x}$. 再分别对 y 求偏导，求出 $\dfrac{\partial u}{\partial y},\dfrac{\partial v}{\partial y}$ 即可.

9.4.2　典型例题解析

例 9.4.1　设 $x\sin y+y\mathrm{e}^x=0$，求 $\dfrac{\mathrm{d}y}{\mathrm{d}x}$.

分析　由二元方程所确定的一元隐函数的导数.

解：令 $F(x,y)=x\sin y+y\mathrm{e}^x$，

则　$F_x=\sin y+y\mathrm{e}^x,F_y=x\cos y+\mathrm{e}^x$.

于是，　$\dfrac{\mathrm{d}y}{\mathrm{d}x}=-\dfrac{F_x}{F_y}=-\dfrac{\sin y+y\mathrm{e}^x}{x\cos y+\mathrm{e}^x}$.

例 9.4.2　设 $x^2+y^2+z^2-4z=0$，求 $\dfrac{\partial^2 z}{\partial x^2}$.

分析　由三元方程所确定的二元隐函数的偏导数.

解：设 $F(x,y,z)=x^2+y^2+z^2-4z$，则

$$F_x=2x,\ F_y=2z-4.$$

于是，　$\dfrac{\partial z}{\partial x}=-\dfrac{F_x}{F_z}=\dfrac{x}{2-z}$，再一次对 x 求偏导数，得

$$\frac{\partial^2 z}{\partial x^2} = \frac{(2-z)+x\frac{\partial z}{\partial x}}{(2-z)^2} = \frac{(2-z)+x\left(\frac{x}{2-z}\right)}{(2-z)^2} = \frac{(2-z)^2+x^2}{(2-z)^2}.$$

例 9.4.3 设 $\begin{cases} x+y+z=0 \\ x^2+y^2+z^2=1 \end{cases}$,求 $\dfrac{\mathrm{d}x}{\mathrm{d}z}, \dfrac{\mathrm{d}y}{\mathrm{d}z}$.

分析 由两个三元方程构成的方程组所确定的两个一元隐函数的导数.

解: 将所给方程的两边对 z 求导并移项,得

$$\begin{cases} \dfrac{\mathrm{d}x}{\mathrm{d}z} + \dfrac{\mathrm{d}y}{\mathrm{d}z} = -1 \\ 2x\dfrac{\mathrm{d}x}{\mathrm{d}z} + 2y\dfrac{\mathrm{d}y}{\mathrm{d}z} = -2z \end{cases}$$

在 $J = \begin{vmatrix} 1 & 1 \\ 2x & 2y \end{vmatrix} = 2y-2x \neq 0$ 的条件下,

$$\frac{\mathrm{d}x}{\mathrm{d}z} = \frac{\begin{vmatrix} -1 & 1 \\ -2z & 2y \end{vmatrix}}{\begin{vmatrix} 1 & 1 \\ 2x & 2y \end{vmatrix}} = \frac{y-z}{x-y}, \frac{\mathrm{d}y}{\mathrm{d}z} = \frac{\begin{vmatrix} 1 & -1 \\ 2x & -2z \end{vmatrix}}{\begin{vmatrix} 1 & 1 \\ 2x & 2y \end{vmatrix}} = \frac{z-x}{x-y}.$$

例 9.4.4 设 $xu-yv=0$, $yu+xv=1$,求 $\dfrac{\partial u}{\partial x}, \dfrac{\partial u}{\partial y}, \dfrac{\partial v}{\partial x}, \dfrac{\partial v}{\partial y}$.

分析 由两个四元方程构成的方程组所确定的两个二元隐函数的偏导数.

解: 将所给方程的两边对 x 求偏导并移项,得

$$\begin{cases} x\dfrac{\partial u}{\partial x} - y\dfrac{\partial v}{\partial x} = -u \\ y\dfrac{\partial u}{\partial x} - x\dfrac{\partial v}{\partial x} = -v \end{cases}$$

在 $J = \begin{vmatrix} x & -y \\ y & x \end{vmatrix} = x^2+y^2 \neq 0$ 的条件下,

$$\frac{\partial u}{\partial x} = \frac{\begin{vmatrix} -u & -y \\ -v & x \end{vmatrix}}{\begin{vmatrix} x & -y \\ -y & x \end{vmatrix}} = -\frac{xu+yv}{x^2+y^2}, \frac{\partial v}{\partial x} = \frac{\begin{vmatrix} x & -u \\ y & -v \end{vmatrix}}{\begin{vmatrix} x & -y \\ y & x \end{vmatrix}} = \frac{yu-xv}{x^2+y^2}.$$

将所给方程的两边对 y 求导,用同样的方法在 $J = x^2+y^2 \neq 0$ 的条件下可得

$$\frac{\partial u}{\partial y} = \frac{xv-yu}{x^2+y^2}, \frac{\partial v}{\partial y} = -\frac{xu+yv}{x^2+y^2}.$$

9.4.3 练习题

习题(基础训练)

1. 设 $\sin y + \mathrm{e}^x - xy^2 = 0$,求 $\dfrac{\mathrm{d}y}{\mathrm{d}x}$.

2. 设 $z = x + y\mathrm{e}^z$,求 $\dfrac{\partial z}{\partial x}, \dfrac{\partial z}{\partial y}$.

3. 函数 $z = z(x, y)$ 由方程 $\mathrm{e}^z - xyz = 0$ 确定,求 $\dfrac{\partial^2 z}{\partial x^2}$.

4. 已知 $\begin{cases} u^3 + xv = y \\ v^3 + yu = x \end{cases}$ 确定了 $\begin{cases} u = u(x, y) \\ v = v(x, y) \end{cases}$,求 $\dfrac{\partial u}{\partial x}, \dfrac{\partial u}{\partial y}, \dfrac{\partial v}{\partial x}, \dfrac{\partial v}{\partial y}$.

习题(能力提升)

1. 设 $z = f(x, y)$ 由方程 $x^2 + y^2 + z^2 = xg\left(\dfrac{y}{x}\right)$ 所确定，$g(x)$ 可微，求 $\dfrac{\partial z}{\partial x}, \dfrac{\partial z}{\partial y}$.

2. 设有方程组 $\begin{cases} x = e^u \cos v \\ y = e^u \sin v, \\ z = uv \end{cases}$ 求 $\dfrac{\partial z}{\partial x}, \dfrac{\partial z}{\partial y}$.

9.5 全 微 分

9.5.1 重要知识点

1. 全微分的定义

如果函数 $z = f(x, y)$ 在点 (x, y) 的全增量 $\Delta z = f(x + \Delta x, y + \Delta y) - f(x, y)$ 可表示为 $\Delta z = A \cdot \Delta x + B \cdot \Delta y + o(\rho)$，其中 A, B 不依赖于 $\Delta x, \Delta y$，而仅与 x, y 有关，$\rho = \sqrt{(\Delta x)^2 + (\Delta y)^2}$，则称 $z = f(x, y)$ 在点 (x, y) 是可微的，而 $A \cdot \Delta x + B \cdot \Delta y$ 称为函数 $z = f(x, y)$ 在点 (x, y) 处的全微分，记作 $\mathrm{d}z$，即 $\mathrm{d}z = A \cdot \Delta x + B \cdot \Delta y$.

2. 全微分的计算公式

(1) 函数的全微分：$\mathrm{d}z = \dfrac{\partial z}{\partial x}\mathrm{d}x + \dfrac{\partial z}{\partial y}\mathrm{d}y$；

(2) 函数在某一个具体点处的全微分：$\mathrm{d}z\bigg|_{\substack{x=x_0 \\ y=y_0}} = \dfrac{\partial z}{\partial x}\bigg|_{\substack{x=x_0 \\ y=y_0}} \mathrm{d}x + \dfrac{\partial z}{\partial y}\bigg|_{\substack{x=x_0 \\ y=y_0}} \mathrm{d}y$.

3. 函数可微的条件

(1) 必要条件.

若函数 $z = f(x, y)$ 在点 (x, y) 处可微分，则该函数在点 (x, y) 处的偏导数 $\dfrac{\partial z}{\partial x}, \dfrac{\partial z}{\partial y}$ 必存在，且 $\mathrm{d}z = \dfrac{\partial z}{\partial x}\Delta x + \dfrac{\partial z}{\partial y}\mathrm{d}y$.

(2) 充分条件.

如果函数 $z = f(x, y)$ 的偏导数 $\dfrac{\partial z}{\partial x}, \dfrac{\partial z}{\partial y}$ 在点 (x, y) 连续，则函数在该点处可微.

4．几个关系

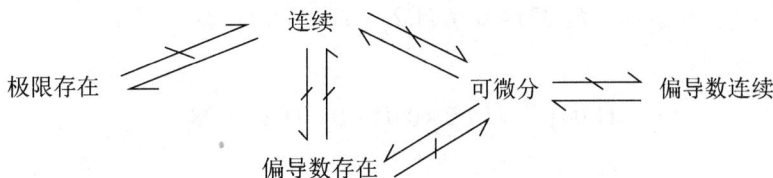

5．微分在近似计算中的应用

函数值增量的近似计算公式：

$$\Delta z \approx \mathrm{d}z = f_x(x_0, y_0)\Delta x + f_y(x_0, y_0)\Delta y .$$

某一点处函数值的近似计算公式：

$$f(x_0 + \Delta x, y_0 + \Delta y) \approx f(x_0, y_0) + f_x(x_0, y_0)\Delta x + f_y(x_0, y_0)\Delta y .$$

9.5.2　典型例题解析

例 9.5.1　设 $z = \mathrm{e}^{\sin xy}$，求 $\mathrm{d}z$.

分析　求函数的全微分：

$\mathrm{d}z = \dfrac{\partial z}{\partial x}\mathrm{d}x + \dfrac{\partial z}{\partial y}\mathrm{d}y$，求出 $\dfrac{\partial z}{\partial x}$ 和 $\dfrac{\partial z}{\partial y}$，代入公式即可得到 $\mathrm{d}z$.

解：因为　$\dfrac{\partial z}{\partial x} = \mathrm{e}^{\sin xy} \cdot \cos(xy) \cdot y = y\cos(xy)\mathrm{e}^{\sin xy}$

$$\dfrac{\partial z}{\partial y} = \mathrm{e}^{\sin xy} \cdot \cos(xy) \cdot x = x\cos(xy)\mathrm{e}^{\sin xy}$$

所以　　　$\mathrm{d}z = \dfrac{\partial z}{\partial x}\mathrm{d}x + \dfrac{\partial z}{\partial y}\mathrm{d}y = \cos(xy)\mathrm{e}^{\sin xy}(y\mathrm{d}x + x\mathrm{d}y)$.

例 9.5.2　求 $z = \mathrm{e}^{xy}$ 在点 $(2, 1)$ 处的全微分.

分析　求函数在某一个具体点处的全微分：

$\mathrm{d}z\Big|_{\substack{x=x_0 \\ y=y_0}} = \dfrac{\partial z}{\partial x}\Big|_{\substack{x=x_0 \\ y=y_0}} \mathrm{d}x + \dfrac{\partial z}{\partial y}\Big|_{\substack{x=x_0 \\ y=y_0}} \mathrm{d}y$，只需将公式中偏导函数的位置算成具体的偏导数值.

解：因为　$\dfrac{\partial z}{\partial x} = y\mathrm{e}^{xy}, \dfrac{\partial z}{\partial y} = x\mathrm{e}^{xy}, \dfrac{\partial z}{\partial x}\Big|_{\substack{x=2 \\ y=1}} = \mathrm{e}^2, \dfrac{\partial z}{\partial y}\Big|_{\substack{x=2 \\ y=1}} = 2\mathrm{e}^2$.

所以，　$\mathrm{d}z\Big|_{\substack{x=2 \\ y=1}} = \mathrm{e}^2\mathrm{d}x + 2\mathrm{e}^2\mathrm{d}y$.

例 9.5.3　计算 $(1.04)^{2.02}$.

分析　微分的近似应用:

$$f(x_0 + \Delta x, y_0 + \Delta y) \approx f(x_0, y_0) + f_x(x_0, y_0)\Delta x + f_y(x_0, y_0)\Delta y.$$

解: 设函数 $f(x, y) = x^y$, 则 $f_x(x, y) = yx^{y-1}$, $f_y(x, y) = x^y \ln x$, 于是

$$f(1, 2) = 1,\ f_x(1, 2) = 2,\ f_y(1, 2) = 0,$$

则

$$(1.04)^{2.02} \approx 1 + 2 \times 0.04 + 0 \times 0.02 = 1.08.$$

9.5.3　练习题

习题(基础训练)

1. 求下列函数的全微分.

(1)　$z = xy + \dfrac{x}{y}$;

(2) $z = \mathrm{e}^{\frac{y}{x}}$;

(3)　$z = x^2 y^3$;

(4)　$u = x^{yz}$.

2. 求函数 $z = \ln(1 + x^2 + y^2)$ 当 $x = 1$, $y = 2$ 时的全微分.

3. 计算 $(1.97)^{1.05}$ 的近似值 $(\ln 2 = 0.693)$.

4．汽车保险杠后面的筒状能量吸收装置受压后发生变化，它的半径由 $20\,\text{cm}$ 变到 $20.05\,\text{cm}$，长度由 $100\,\text{cm}$ 减少到 $99\,\text{cm}$. 求此圆柱体体积变化的近似值.

习题(能力提升)

1．设 $z = x^2\text{e}^y + y^2\sin x$，求 $\text{d}z$，$\text{d}z\Big|_{\substack{x=\pi \\ y=0}}$.

2．设 $u = \dfrac{1}{\sqrt{x^2+y^2+z^2}}$，求 $\text{d}u$.

3．设 $u = x^{y^z}$，求 $\text{d}u\Big|_{(2,2,2)}$.

4．计算 $\sqrt{(1.02)^3+(1.97)^3}$ 的近似值.

9.6 多元函数微分学的几何应用

9.6.1 重要知识点

1. 空间曲线的切线及法平面

设空间曲线 L 的参数方程为 $\begin{cases} x = \varphi(t) \\ y = \psi(t) \\ z = \omega(t) \end{cases}$，则

(1) 曲线 L 上对应于 $t = t_0$ 的点 $M_0(x_0, y_0, z_0)$ 处的切线方程为:

$$\frac{x - x_0}{\varphi'(t_0)} = \frac{y - y_0}{\psi'(t_0)} = \frac{z - z_0}{\omega'(t_0)} .$$

(2) 曲线 L 在点 M_0 处的法平面方程为:

$$\varphi'(t_0)(x - x_0) + \psi'(t_0)(y - y_0) + \omega'(t_0)(z - z_0) = 0 .$$

2. 曲面的切平面与法线

设曲面 $\sum$ 的方程为 $F(x, y, z) = 0$，$M_0(x_0, y_0, z_0)$ 是曲面 $\sum$ 上的一点，则

(1) 曲面 $\sum$ 在点 M_0 处的切平面方程为:

$$F_x(x_0, y_0, z_0)(x - x_0) + F_y(x_0, y_0, z_0)(y - y_0) + F_z(x_0, y_0, z_0)(z - z_0) = 0 .$$

(2) 曲面 $\sum$ 在点 M_0 处的法线方程为:

$$\frac{x - x_0}{F_x(x_0, y_0, z_0)} = \frac{y - y_0}{F_y(x_0, y_0, z_0)} = \frac{z - z_0}{F_z(x_0, y_0, z_0)} .$$

9.6.2 典型例题解析

例 9.6.1 求螺旋线 $x = \cos t$，$y = \sin t$，$z = t$ 上对应于 $t = 0$ 的点处的切线与法平面方程.

分析 空间曲线的切线及法平面.

解：参数 $t = 0$ 对应于曲线上的点 $M_0(1, 0, 0)$，且

$$x'(t) = -\sin t, \quad y'(t) = \cos t, \quad z'(t) = 1$$

所以，切向量 $\boldsymbol{\tau} = (x'(0), y'(0), z'(0)) = (0, 1, 1)$，因此曲线 L 在点 M_0 处的切线方程为

$$\frac{x - 1}{0} = \frac{y - 0}{1} = \frac{z - 0}{1}$$

即

$$\begin{cases} x = 1 \\ y = z \end{cases}$$

曲线 L 在点 M_0 处的法平面方程为

$$0 \times (x-1) + 1 \times (y-0) + 1 \times (z-0) = 0，\text{即 } y + z = 0.$$

例 9.6.2　求曲面 $x^2 + y^2 + z^2 = 14$ 在点 $(1,2,3)$ 处的切平面及法线方程.

分析　曲面的切平面与法线

解：令 $F(x,y,z) = x^2 + y^2 + z^2 - 14$，则 $F_x = 2x, F_y = 2y, F_z = 2z$，于是，该球面在点 $(1,2,3)$ 处的法向量为

$$\boldsymbol{n} = \{2x, 2y, 2z\}|_{(1,2,3)} = \{2,\ 4,\ 6\}$$

所以在点 $(1,2,3)$ 处，此球面的切平面方程为

$$2(x-1) + 4(y-2) + 6(z-3) = 0$$

即

$$x + 2y + 3z - 14 = 0.$$

法线方程为

$$\frac{x-1}{2} = \frac{y-2}{4} = \frac{z-3}{6}$$

即

$$\frac{x-1}{1} = \frac{y-2}{2} = \frac{z-3}{3}.$$

9.6.3　练习题

习题(基础训练)

1. 求出下列曲线在指定点处的切线方程和法平面方程：

(1) $\begin{cases} x = t - \sin t, \\ y = 1 - \cos t, \\ z = 4\sin\dfrac{t}{2}, \end{cases}$ 在 $t = \dfrac{\pi}{2}$ 处；

(2) $\begin{cases} x = \dfrac{t}{1+t}, \\ y = \dfrac{1+t}{t}, \\ z = t^2, \end{cases}$ 在 $t = 1$ 处.

2. 在曲线 $\begin{cases} x = t, \\ y = t^2, \\ z = t^3, \end{cases}$ 上求一点，使在该点处的切线平行于平面 $x + 2y + z = 4$.

3. 求下列曲面在指定点处的切平面方程和法线方程:

(1) $3x^2 + y^2 - z^2 = 27$ 在点 $(3,1,1)$ 处;

(2) $e^z - z + xy = 3$ 在点 $(2,1,0)$ 处.

习题(能力提升)

1．求球面 $x^2 + y^2 + z^2 = 4$ 与柱面 $x^2 + y^2 = 2x$ 的交线在点 $M\left(1, 1, \sqrt{2}\right)$ 处的切线方程与法平面方程.

2．在曲面 $z = xy$ 上求一点, 使这点处的法线垂直于平面 $x + 3y + z = 9$, 并求出该点处的切平面及法线方程.

9.7　多元函数的极值、最值问题

9.7.1　重要知识点

1．定义

设 $z = f(x, y)$ 在点 (x_0, y_0) 的某邻域内有定义, 如果对该邻域内任何一点 (x, y) 都有 $f(x, y) \leqslant f(x_0, y_0)\left(f(x, y) \geqslant f(x_0, y_0)\right)$, 则称 $f(x, y)$ 在点 (x_0, y_0) 处取得极大值(极小值).

2．必要条件

设 $f(x, y)$ 在点 (x_0, y_0) 处具有偏导数且取得极值, 则 (x_0, y_0) 必是驻点, 即满足 $f_x(x_0, y_0) = 0$, $f_y(x_0, y_0) = 0$.

3．充分条件

设 (x_0, y_0) 是 $f(x, y)$ 的驻点, $f(x, y)$ 在点 (x_0, y_0) 某邻域内有连续偏导数. 记 $A = f_{xx}(x_0, y_0)$, $B = f_{xy}(x_0, y_0)$, $C = f_{yy}(x_0, y_0)$. 则

(1) 当 $B^2 - AC < 0$ 时，(x_0, y_0) 为极值点．此时，若 $A < 0$，$f(x_0, y_0)$ 为极大值，若 $A > 0$，$f(x_0, y_0)$ 为极小值．

(2) 当 $B^2 - AC > 0$ 时，(x_0, y_0) 不是极值点．

(3) 当 $B^2 - AC = 0$ 时，(x_0, y_0) 可能是也可能不是极值点，此时需另行判别．

4．求多元函数条件极值的拉格朗日乘数法

求函数 $u = f(x_1, \cdots, x_n)$ 满足条件 $\begin{cases} \varphi_1(x_1, \cdots, x_n) = 0, \\ \qquad \vdots \\ \varphi_m(x_1, \cdots, x_n) = 0 \end{cases}$ $(m < n)$ 的极值的拉格朗日乘数法的

步骤为：

(1) 作拉格朗日函数

$$F(x_1, \cdots, x_n, \lambda_1, \cdots, \lambda_m) = f(x_1, \cdots, x_n) + \sum_{i=1}^{m} \lambda_i \varphi_i(x_1, \cdots, x_n);$$

(2) 求出满足方程

$$\begin{cases} F'_{x_1} = 0 \\ \quad \vdots \\ F'_{x_n} = 0 \\ F'_{\lambda_1} = \varphi_1(x_1, \cdots x_n) = 0 \\ \quad \vdots \\ F'_{\lambda_m} = \varphi_m(x_1, \cdots x_n) = 0 \end{cases} \text{的点} \left(x_1^{(k)}, \cdots x_n^{(k)}\right) (k = 1, 2, \cdots, s);$$

由拉格朗日乘数法所得到的点 $\left(x_1^{(k)}, \cdots, x_n^{(k)}\right)(k = 1, 2, \cdots, s)$ 也只是函数可能的极值点，在实际问题中，$\left(x_1^{(k)}, \cdots, x_n^{(k)}\right)(k = 1, 2, \cdots, s)$ 是否为极值点，通常可以根据实际问题本身的背景加以确定．

(3) 计算出极值．

5．二元函数的最大值与最小值

(1) 若函数 $z = f(x, y)$ 在有界闭区域 D 上有连续导数，则

$$f(x, y) \text{的最大值} = \max \begin{cases} f(x, y) \text{在区域} D \text{的内部各驻点的函数值} \\ f(x, y) \text{在} D \text{的边界上各驻点的函数值} \end{cases},$$

$$f(x, y) \text{的最小值} = \min \begin{cases} f(x, y) \text{在区域} D \text{的内部各驻点的函数值} \\ f(x, y) \text{在} D \text{的边界上各驻点的函数值} \end{cases}.$$

(2) 若由问题本身可判断可微函数 $f(x, y)$ 在区域 D 内部有最大值(或最小值)，而 $f(x, y)$ 在 D 内部只有一个驻点 M，则点 M 必是最大值点(或最小值点)．

9.7.2　典型例题解析

例 9.7.1　求函数 $z = x^4 + y^4 - x^2 - 2xy - y^2$ 的极值与极值点.

分析　求二元函数的极值.

基本步骤：(1) 求出一阶偏导为零的驻点和一阶偏导不存在的点；

(2) 对驻点，根据 $B^2 - AC$ 和 A 的符号判断极值；

(3) 对一阶偏导不存在的点和 $B^2 - AC = 0$ 的驻点，用极值定义判断极值.

解：由函数极值的必要条件，令

$$\begin{cases} \dfrac{\partial z}{\partial x} = 4x^3 - 2x - 2y = 0, \\[2mm] \dfrac{\partial z}{\partial y} = 4y^3 - 2x - 2y = 0. \end{cases}$$

由此解得驻点 $P_1(1,1), P_2(-1,-1), P_0(0,0)$.

又有　$A = \dfrac{\partial^2 z}{\partial x^2} = 12x^2 - 2$,　$B = \dfrac{\partial^2 z}{\partial x \partial y} = -2$,　$C = \dfrac{\partial^2 z}{\partial y^2} = 12y^2 - 2$.

因在点 $P_1(1,1)$，$P_2(-1,-1)$ 处 $B^2 - AC = -96 < 0$，$A = 10 > 0$，故题干给的函数在点 P_1 与 P_2 处取到极小值，点 $P_1(1,1)$，$P_2(-1,-1)$ 都为它的极小值点，其极小值为 -2.

在驻点 $P_0(0,0)$ 处 $B^2 - AC = 0$，极值的充分条件失效. 但是当 $y = x$ 时，$z = 2x^2(x^2 - 2)$ 在 $|x| < \sqrt{2}$ 时，小于零；当 $y = -x$ 时，$z = 2x^4 > 0$. 由此可见，在原点 $(0,0)$ 不论多么小的邻域内，总有使 $z > 0$ 与 $z < 0$ 的点存在，所以点 $(0,0)$ 不是题给函数的极值点.

例 9.7.2　求函数 $u = xy^2 z^3$ 在条件 $x + y + z = a\,(a, x, y, z \in R^+)$ 下的条件极值.

分析　求多元函数的条件极值，关键是把它转化为无条件极值. 转化的一般方法是拉格朗日乘数法，有时也可以用代入法.

解法 1：(代入法)

将 $x = a - y - z$ 代入，得　$u = (a - y - z)y^2 z^3$，于是由

$$\begin{cases} \dfrac{\partial u}{\partial y} = yz^3(2a - 3y - 2z) = 0, \\[2mm] \dfrac{\partial u}{\partial z} = y^2 z^3(3a - 3y - 4z) = 0, \end{cases} \qquad 解得 \quad \begin{cases} y = \dfrac{a}{3}, \\[2mm] z = \dfrac{a}{2}. \end{cases}$$

$$A = \left. \dfrac{\partial^2 u}{\partial y^2} \right|_{\substack{x = \frac{a}{3} \\ y = \frac{a}{2}}} = 2z^3(a - 3y - z) \Big|_{\substack{x = \frac{a}{3} \\ y = \frac{a}{2}}} = -\dfrac{a^4}{8},$$

$$B = \frac{\partial^2 u}{\partial y \partial z}\bigg|_{\substack{x=\frac{a}{3} \\ y=\frac{a}{2}}} = yz^2\left(6a - 9y - 8z\right)\bigg|_{\substack{x=\frac{a}{3} \\ y=\frac{a}{2}}} = -\frac{a^4}{12},$$

$$C = \frac{\partial^2 u}{\partial z^2}\bigg|_{\substack{x=\frac{a}{3} \\ y=\frac{a}{2}}} = 6y^2z\left(a - y - 2z\right)\bigg|_{\substack{x=\frac{a}{3} \\ y=\frac{a}{2}}} = -\frac{a^4}{9},$$

$$B^2 - AC = \left(-\frac{a^4}{12}\right)^2 - \left(-\frac{a^4}{8}\right)\left(-\frac{a^4}{9}\right) = -\frac{a^4}{144} < 0, \quad A < 0.$$

所以，当 $y = \dfrac{a}{3}$，$z = \dfrac{a}{2}$，$x = a - \dfrac{a}{3} - \dfrac{a}{2} = \dfrac{a}{6}$ 时，函数取得极大值

$u\left(\dfrac{a}{6}, \dfrac{a}{3}, \dfrac{a}{2}\right) = \dfrac{a}{6}\left(\dfrac{a}{3}\right)^2\left(\dfrac{a}{2}\right)^3 = \dfrac{a^6}{432}$.

解法 2：(拉格朗日乘数法)

令 $F\left(x, y, z\right) = xy^2z^3 + \lambda\left(x + y + z - a\right)$ 　　$\left(x, y, z, a \in \mathbf{R}^+\right)$，

于是由 $\begin{cases} F_x = y^2z^3 + \lambda = 0, \\ F_y = 2xyz^3 + \lambda = 0, \\ F_z = 3xy^2z^2 + \lambda = 0, \\ \quad x + y + z = a, \end{cases}$

解得 $\begin{cases} x = \dfrac{a}{6}, \\ y = \dfrac{a}{3}, \\ z = \dfrac{a}{2}. \end{cases}$

由问题的实际意义知，当 $x = \dfrac{a}{6}$，$y = \dfrac{a}{3}$，$z = \dfrac{a}{2}$ 时，函数取得极大值 $u\left(\dfrac{a}{6}, \dfrac{a}{3}, \dfrac{a}{2}\right) = \dfrac{a^6}{432}$.

例 9.7.3　求二元函数 $z = f\left(x, y\right) = x^2y\left(4 - x - y\right)$ 在由直线 $x + y = 6$，x 轴和 y 轴所围成的闭区域 D 上的最大值和最小值.

分析　没有实际背景函数的最值.

解： $f_x = 2xy\left(4 - x - y\right) - x^2y$，　　$f_y = x^2\left(4 - x - y\right) - x^2y$，

　　　　 $f_{xx} = 8y - 6xy - 2y^2$，　　$f_{xy} = 8x - 3x^2 - 4xy$，　　$f_{yy} = -2x^2$.

由 $\begin{cases} f_x = 2xy\left(4 - x - y\right) - x^2y = 0, \\ f_y = x^2\left(4 - x - y\right) - x^2y = 0. \end{cases}$

求得驻点 $x = 0\left(0 \leqslant y \leqslant 6\right)$ 及点 $\left(4, 0\right)$，点 $\left(2, 1\right)$.

由于点 $\left(4, 0\right)$ 及线段 $x = 0\left(0 \leqslant y \leqslant 6\right)$ 在 D 的边界上，只有点 $\left(2, 1\right)$ 在 D 的内部，可能

是极值点.

在点 $(2,1)$ 处，$A = f_{xx}(2,1) = -6$，$B = f_{xy}(2,1) = -4$，$C = f_{yy}(2,1) = -8$.

$B^2 - AC = -32 < 0$ 且 $A < 0$，因此点 $(2,1)$ 是 $f(x,y)$ 的极大值点，且极大值 $f(2,1) = 4$.

在 D 的边界 $x = 0(0 \leqslant y \leqslant 6)$ 及 $y = 0(0 \leqslant x \leqslant 6)$ 上 $f(x,y) = 0$；在边界 $x + y = 6$ 上，将 $y = 6 - x$ 代入得 $z = f(x,y) = 2x^3 - 12x^2 (0 \leqslant x \leqslant 6)$.

由 $z' = 6x^2 - 24x = 0$ 得 $x = 0$，$x = 4$. 在边界 $x + y = 6$ 上对应于 $x = 0, 4, 6$ 处的 z 值分别为 $z = 0, -64, 0$. 因此，$z = f(x,y)$ 在边界上的最大值为 0，最小值为 -64. 将边界上最大值和最小值与驻点 $(2,1)$ 处的值比较得，$z = f(x,y)$ 在闭区域 D 上的最大值为 $f(2,1) = 4$，最小值为 $f(4,2) = -64$.

例 9.7.4　求在椭圆抛物面 $\dfrac{z}{c} = \dfrac{x^2}{a^2} + \dfrac{y^2}{b^2}$，$z = c$ 的一段中嵌入有最大体积的长方体.

分析　实际问题的最值.

注意： 当函数在某区域上仅有一个极值时，可以根据实际问题直接判断它是最大(小)值.

解： 不妨设长方体的长，宽，高分别为 $2x$，$2y$，$c - z$. 其体积

$$V = 4xy(c - z) = 4cxy\left(1 - \frac{x^2}{a^2} - \frac{y^2}{b^2}\right)(x > 0, y > 0),$$

由 $\begin{cases} V_x = 4cy\left(1 - \dfrac{3x^2}{a^2} - \dfrac{y^2}{b^2}\right) = 0, \\ V_y = 4cx\left(1 - \dfrac{x^2}{a^2} - \dfrac{3y^2}{b^2}\right) = 0. \end{cases}$　解得 $\begin{cases} x = \dfrac{a}{2}, \\ y = \dfrac{b}{2}. \end{cases}$

故长方体的长、宽、高分别为 a，b 和 $\dfrac{c}{2}$ 时，其体积最大.

9.7.3　练习题

习题(基础训练)

1. 求函数 $z = x^2 - xy + y^2 - 2x + y$ 的极大值点或极小值点.

2．求函数 $f(x,y)=x^3+y^3-3xy$ 的极值．

3．求点 $(2,8)$ 到抛物线 $y^2=4x$ 的最小距离．

4．建造一个长方形水池，其底和壁的总面积为 $108\,\text{m}^2$，问水池的尺寸如何设计时，其容积最大？

习题(能力提升)

1．求 $z=x^2y(4-x-y)$ 在由直线 $x+y=6$ 与两坐标轴围成闭区域 D 上的极值、最大值和最小值．

2. 某公司通过电台及报纸做某商品的销售广告,据统计销售收入 R (万元)与电台广告费 x_1 (万元) 及 报 纸 广 告 费 x_2 (万 元) 的 函 数 关 系 为 $R(x_1, x_2) = 15 + 14x_1 + 32x_2 - 8x_1 x_2 - 2x_1^2 - 10x_2^2$, 求:

(1) 在不限广告费时的最优广告策略;

(2) 在仅用 1.5 万元做广告费时的最优广告策略.

9.8　方向导数与梯度

9.8.1　重要知识点

1. 方向导数

(1) 研究意义.

函数沿任一指定方向的变化率问题.

(2) 定义.

设 l 是平面上的一条射线,点 $P_0(x_0, y_0) \in l$, $P(x, y) \in U(P_0)$. 射线 l 的参数方程为:
$$\begin{cases} x = x_0 + t\cos\alpha, \\ y = y_0 + t\cos\beta. \end{cases} (t \geqslant 0), \quad 其中: \quad \mathbf{e}_l = (\cos\alpha, \cos\beta) \text{ 是与 } l \text{ 同方向的单位向量,函数}$$
$z = f(x, y)$ 沿 l 方向从 $P_0(x, y)$ 到 $P(x, y)$ 的平均变化率为
$$\frac{f(x_0 + t\cos\alpha, y_0 + t\cos\beta) - f(x_0, y_0)}{t},$$

当 P 沿着 l 趋于 P_0 时(即 $t \to 0^+$)的极限存在,则称此极限为函数 $z = f(x, y)$ 在点 P_0 沿方向 l 的方向导数或变化率,记作 $\left. \dfrac{\partial f}{\partial l} \right|_{(x_0, y_0)}$, 即
$$\left. \frac{\partial f}{\partial l} \right|_{(x_0, y_0)} = \lim_{t \to 0^+} \frac{f(x_0 + t\cos\alpha, y_0 + t\cos\beta)}{t}.$$

(3) 计算方法.

如果函数 $z = f(x, y)$ 在点 $P_0(x, y)$ 可微分,那么函数在该点沿任一方向 l 的方向导数存在,且有 $\left. \dfrac{\partial f}{\partial l} \right|_{(x_0, y_0)} = f_x(x_0, y_0)\cos\alpha + f_y(x_0, y_0)\cos\beta$, 其中 $\cos\alpha, \cos\beta$ 是方向 l 的方向余弦.

推广：$u = f(x, y, z)$ 在点 (x_0, y_0, z_0) 沿方向 l 的方向导数为：

$$\frac{\partial f}{\partial l}\Big|_{(x_0, y_0, z_0)} = f_x(x_0, y_0, z_0)\cos\alpha + f_y(x_0, y_0, z_0)\cos\beta + f_z(x_0, y_0, z_0)\cos\gamma$$

其中 $\cos\alpha$，$\cos\beta$，$\cos\gamma$ 是方向 l 的方向余弦.

2. 梯度

(1) 定义.

设函数 $z = f(x, y)$ 在空间区域 D 内具有一阶连续偏导数，则对于每一点 $P_0(x_0, y_0) \in D$，定义一个向量 $(f_x(x_0, y_0), f_y(x_0, y_0))$，称此向量为函数 $z = f(x, y)$ 在点 $P_0(x_0, y_0)$ 的梯度，记作 $\mathbf{grad}f(x_0, y_0)$.

(2) 研究意义.

如果函数 $z = f(x, y)$ 在点 $P_0(x, y)$ 可微分，$\mathbf{e}_l = (\cos\alpha, \cos\beta)$ 是与方向 l 同方向的单位向量，则

$$\begin{aligned}
\frac{\partial f}{\partial l}\Big|_{(x_0, y_0)} &= f_x(x_0, y_0)\cos\alpha + f_y(x_0, y_0)\cos\beta \\
&= \mathbf{grad}f(x_0, y_0) \cdot \mathbf{e}_l \\
&= |\mathbf{grad}f(x_0, y_0)| \cdot \cos < \mathbf{grad}f(x_0, y_0), \mathbf{e}_l >
\end{aligned}$$

此关系式表明了函数在一点的方向导数与在这点的梯度的关系. 即在任何一点的方向导数的绝对值不会超过它在该点的梯度的模 $\|\mathbf{grad}f(x_0, y_0)\|$，且最大值 $\|\mathbf{grad}f(x_0, y_0)\|$ 在梯度方向达到.

推广：函数 $u = f(x, y, z)$ 在点 (x_0, y_0, z_0) 的梯度为：

$$\mathbf{grad}f(x_0, y_0, z_0) = (f_x(x_0, y_0, z_0),\ f_y(x_0, y_0, z_0),\ f_z(x_0, y_0, z_0)).$$

9.8.2　典型例题解析

例 9.8.1　求 $f(x, y) = \dfrac{1}{2}\ln(x^2 + y^2)$ 在点 $P_0(2, 4)$ 处沿方向 $l = 3\mathbf{i} + 4\mathbf{j}$ 的方向导数.

分析　$\dfrac{\partial f}{\partial l}\Big|_{(x_0, y_0)} = f_x(x_0, y_0)\cos\alpha + f_y(x_0, y_0)\cos\beta$，其中 $\cos\alpha, \cos\beta$ 是方向 l 的方向余弦.

解：　$f_x(2, 4) = \dfrac{x}{x^2 + y^2}\Big|_{(2,4)} = \dfrac{1}{10}$，$f_y(2, 4) = \dfrac{y}{x^2 + y^2}\Big|_{(2,4)} = \dfrac{1}{5}$，

$\cos\alpha = \dfrac{3}{\sqrt{3^2 + 4^2}} = \dfrac{3}{5}$，$\cos\beta = \dfrac{4}{\sqrt{3^2 + 4^2}} = \dfrac{4}{5}$，

方向导数 $\dfrac{\partial f}{\partial l}\Big|_{(2,4)} = \dfrac{1}{10} \cdot \dfrac{3}{5} + \dfrac{1}{5} \cdot \dfrac{4}{5} = \dfrac{11}{50}$.

例 9.8.2　求函数 $u = x^2 + 2y^2 + 3z^2 + xy - 4x + 2y - 4z$ 在点 $A(0,0,0)$ 处的梯度及其模.

分析　函数 $u = f(x,y,z)$ 在点 (x_0, y_0, z_0) 的梯度为:

$$\mathbf{grad}f(x_0, y_0, z_0) = (f_x(x_0, y_0, z_0),\ f_y(x_0, y_0, z_0),\ f_z(x_0, y_0, z_0)).$$

解:　$u_x = 2x + y - 4$，$u_y = 4y + x + 2$，$u_z = 6z - 4$，所以，$\mathbf{grad}f(0,0,0) = (-4, 2, -4)$.

例 9.8.3　已知位于原点的点电荷 q (q 表示电荷大小)所产生的静电场中，任何一点 $M(x,y,z)$ 处的电势为

$$U = \frac{q}{4\pi\varepsilon_0(x^2 + y^2 + z^2)^{\frac{1}{2}}}$$

试求空间的电场强度 E.

解:　由电势与电场强度的微分关系知: $E = -\mathbf{grad}U$，于是，

$$E = -\mathbf{grad}U = -\left(\frac{\partial u}{\partial x}\boldsymbol{i} + \frac{\partial u}{\partial y}\boldsymbol{j} + \frac{\partial u}{\partial z}\boldsymbol{k}\right)$$

$$\frac{\partial u}{\partial x} = \frac{-q}{4\pi\varepsilon_0}x(x^2 + y^2 + z^2)^{-\frac{3}{2}}$$

$$\frac{\partial u}{\partial y} = \frac{-q}{4\pi\varepsilon_0}y(x^2 + y^2 + z^2)^{-\frac{3}{2}}$$

$$\frac{\partial u}{\partial z} = \frac{-q}{4\pi\varepsilon_0}z(x^2 + y^2 + z^2)^{-\frac{3}{2}}$$

故

$$E = \frac{q}{4\pi\varepsilon_0}(x^2 + y^2 + z^2)^{-\frac{3}{2}}(x\boldsymbol{i} + y\boldsymbol{j} + z\boldsymbol{k}).$$

9.8.3　练习题

习题(基础训练)

1. 求 $f(x,y) = xy + \sin(x + 2y)$ 在点 $(0,0)$ 处沿方向 $\boldsymbol{l} = (1,2)$ 的方向导数.

2. 求 $f(x,y,z) = x\sin yz$ 在点 $(1,3,0)$ 处沿方向 $\boldsymbol{l} = (1,2,-1)$ 的方向导数.

3．设 $f(x,y) = x\mathrm{e}^y$，

(1) 求出 $f(x,y)$ 在点 $P(2,0)$ 处沿 P 到 $Q\left(\dfrac{1}{2},2\right)$ 方向的方向导数；

(2) $f(x,y)$ 在点 $P(2,0)$ 处沿什么方向具有最大的方向导数，最大方向导数是多少？

习题(能力提升)

1．求函数 $u = \ln\left(x + \sqrt{y^2 + z^2}\right)$ 在点 $A(1,0,1)$ 从点 A 指向点 $B(3,-2,2)$ 的方向的方向导数．

2．设 $f(x,y) = 1 - x^2 - 2y^2$，求

(1) $f(x,y)$ 在点 $M\left(\sqrt{2},1\right)$ 处沿 l 方向的方向导数，其中 x 轴正向与 l 的夹角为 θ；

(2) $f(x,y)$ 在点 M 处的梯度；

(3) $f(x,y)$ 在点 M 的方向导数的最大值．

第10章 重 积 分

本章知识导航:

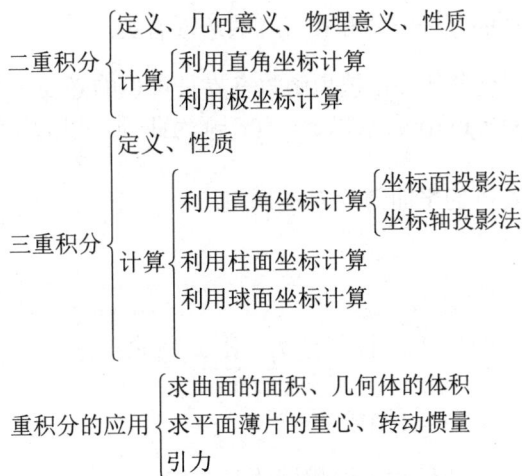

$$
\text{二重积分}\begin{cases} \text{定义、几何意义、物理意义、性质} \\ \text{计算}\begin{cases} \text{利用直角坐标计算} \\ \text{利用极坐标计算} \end{cases} \end{cases}
$$

$$
\text{三重积分}\begin{cases} \text{定义、性质} \\ \text{计算}\begin{cases} \text{利用直角坐标计算}\begin{cases} \text{坐标面投影法} \\ \text{坐标轴投影法} \end{cases} \\ \text{利用柱面坐标计算} \\ \text{利用球面坐标计算} \end{cases} \end{cases}
$$

$$
\text{重积分的应用}\begin{cases} \text{求曲面的面积、几何体的体积} \\ \text{求平面薄片的重心、转动惯量} \\ \text{引力} \end{cases}
$$

10.1 二重积分的概念及性质

10.1.1 重要知识点

(1) 二重积分表示一种特殊类型的和式极限 $\iint\limits_{D} f(x,y)\mathrm{d}\sigma = \lim\limits_{\lambda \to 0} \sum\limits_{i=1}^{n} f(\xi_i, \eta_i)\Delta\sigma_i$,其值取决于被积函数的对应规律 f 和积分区域 D,而与积分变量的记号无关,即:$\iint\limits_{D} f(x,y)\mathrm{d}x\mathrm{d}y = \iint\limits_{D} f(u,v)\mathrm{d}u\mathrm{d}v$.

(2) 性质:设 D 为有界区域,则:

① $\iint\limits_{D} kf(x,y)\mathrm{d}\sigma = k\iint\limits_{D} f(x,y)\mathrm{d}\sigma$,其中 k 为常数;

② $\iint\limits_{D} [f(x,y) \pm g(x,y)]\mathrm{d}\sigma = \iint\limits_{D} f(x,y)\mathrm{d}\sigma \pm \iint\limits_{D} g(x,y)\mathrm{d}\sigma$;

③ 设 $D = D_1 \bigcup D_2$,且 $D_1 \bigcap D_2 = \varnothing$,则 $\iint\limits_{D} f(x,y)\mathrm{d}\sigma = \iint\limits_{D_1} f(x,y)\mathrm{d}\sigma + \iint\limits_{D_2} f(x,y)\mathrm{d}\sigma$;

④ 若 $f(x,y) \geqslant g(x,y), (x,y) \in D$,则 $\iint\limits_{D} f(x,y)\mathrm{d}\sigma \geqslant \iint\limits_{D} g(x,y)\mathrm{d}\sigma$;

⑤ 若 $f(x,y) \geqslant 0, (x,y) \in D$,则 $\iint\limits_{D} f(x,y)\mathrm{d}\sigma \geqslant 0$;

⑥ 不等式性质:若 $f(x,y)$ 在 D 上可积,则 $|f(x,y)|$ 在 D 上可积,且

$$\left| \iint\limits_{D} f(x,y)\mathrm{d}\sigma \right| \leqslant \iint\limits_{D} |f(x,y)|\mathrm{d}\sigma;$$

⑦ 估值定理：若 $m \leqslant f(x,y) \leqslant M, (x,y) \in D$，则 $m\sigma \leqslant \iint\limits_{D} f(x,y)\mathrm{d}\sigma \leqslant M\sigma$；

⑧ 中值定理：若 $f(x,y)$ 在 D 上连续，则 $\exists(\xi,\eta) \in D$，使 $\iint\limits_{D} f(x,y)\mathrm{d}\sigma = f(\xi,\eta)S_D$.

(3) 二重积分的值与区域 D 的划分方式和 (ξ_i,η_i) 的选取有关.

(4) 被积函数连续是可积的充分条件；被积函数有界是可积的必要条件.

(5) 当 $f(x,y) \geqslant 0$ 时，$\iint\limits_{D} f(x,y)\mathrm{d}\sigma$ 表示以 $z = f(x,y)$ 为曲顶，以 D 为底的曲顶柱体的

体积，或表示面密度为 $\mu = f(x,y)$ 的平面薄片 D 的质量.

10.1.2 典型例题解析

例 10.1.1 利用二重积分的性质比较积分 $I_1 = \iint\limits_{D}(x+y)\mathrm{d}\sigma$ 与 $I_2 = \iint\limits_{D}(x+y)^2\mathrm{d}\sigma$ 的大

小，其中 D 由 x 轴、y 轴与直线 $x+y=1$ 围成.

分析 由二重积分的性质，要比较积分域相同的两个积分的大小，只要比较两个被积函数的大小，即比较 $x+y$ 与 $(x+y)^2$ 的大小；这里关键是判别在区域 D 内 $x+y$ 是大于 1 还是小于 1，也即判断区域 D 是在直线 $x+y=1$ 的上方还是下方.

解：因为区域 D 在直线 $x+y=1$ 的下方，所以对任一点 $(x,y) \in D$，有 $0 \leqslant x+y \leqslant 1$，从而有 $x+y \geqslant (x+y)^2$，故由二重积分的性质得 $\iint\limits_{D}(x+y)\mathrm{d}\sigma \geqslant \iint\limits_{D}(x+y)^2\mathrm{d}\sigma$.

10.1.3 练习题

习题(基础训练)

1. 单项选择题.

若 D 由 $x=0$，$y=0$，$x+y=\dfrac{1}{2}$，$x+y=1$ 所围成，设 $I_1 = \iint\limits_{D}\ln(x+y)\mathrm{d}\sigma$，

$I_2 = \iint\limits_{D}(x+y)\mathrm{d}\sigma$，$I_3 = \iint\limits_{D}\sin(x+y)\mathrm{d}\sigma$，则 I_1，I_2，I_3 的大小顺序为(　　).

　　A. $I_1 < I_2 < I_3$　　　　B. $I_1 > I_2 > I_3$　　　　C. $I_1 < I_3 < I_2$　　　　D. $I_3 < I_1 < I_2$

2. 利用二重积分的性质估下列计积分值.

(1) $I = \iint\limits_{D}\sin^2 x\sin^2 y\mathrm{d}\sigma$，其中 D 是矩形闭区域：$0 \leqslant x \leqslant \pi$，$0 \leqslant y \leqslant \pi$.

(2) $I = \iint\limits_{D}\sqrt{(x+y)xy}\mathrm{d}\sigma$ 的值，其中 D 是矩形域：$0 \leqslant x \leqslant 2, 0 \leqslant y \leqslant 2$.

习题(能力提升)

一薄片(不考虑其厚度)位于 xOy 平面上，占有区域 D，薄片上分布有面密度为 $u = u(x, y)$ 的电荷，且在 D 上连续，使用二重积分表示薄片的全部电荷 Q．

10.2　二重积分的计算

10.2.1　重要知识点

(1) 在直角坐标系中化二重积分为累次积分以及交换积分顺序问题．

模型 I：设有界闭区域

$$D = \left\{ (x, y) \middle| a \leqslant x \leqslant b, \ \varphi_1(x) \leqslant y \leqslant \varphi_2(x) \right\},$$

其中 $\varphi_1(x)$，$\varphi_2(x)$ 在 $[a, b]$ 上连续，$f(x, y)$ 在 D 上连续，则

$$\iint\limits_{D} f(x, y)\mathrm{d}\sigma = \iint\limits_{D} f(x, y)\mathrm{d}x\mathrm{d}y = \int_a^b \mathrm{d}x \int_{\varphi_1(x)}^{\varphi_2(x)} f(x, y)\mathrm{d}y .$$

模型 II：设有界闭区域

$$D = \left\{ (x, y) \middle| c \leqslant y \leqslant d, \ \varphi_1(y) \leqslant x \leqslant \varphi_2(y) \right\}$$

其中 $\varphi_1(y)$，$\varphi_2(y)$ 在 $[c, d]$ 上连续，$f(x, y)$ 在 D 上连续，

则　$$\iint\limits_{D} f(x, y)\mathrm{d}\sigma = \iint\limits_{D} f(x, y)\mathrm{d}x\mathrm{d}y = \int_c^d \mathrm{d}y \int_{\varphi_1(y)}^{\varphi_2(y)} f(x, y)\mathrm{d}x .$$

关于二重积分的计算主要根据模型 I 或模型 II，把二重积分化为累次积分，从而进行计算．对于比较复杂的区域 D，如果既不符合模型 I 中关于 D 的要求，又不符合模型 II 中关于 D 的要求，那么就需要把 D 分解成一些小区域，使得每一个小区域能够符合模型 I 或模型 II 中关于区域的要求．利用二重积分性质，把大区域上二重积分等于这些小区域上二重积分之和，而每个小区域上的二重积分则可以化为累次积分进行计算．

在直角坐标系中两种不同顺序的累次积分的互相转化是一种很重要的手段，具体做法

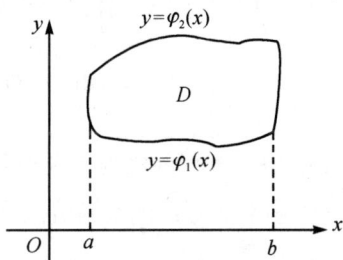

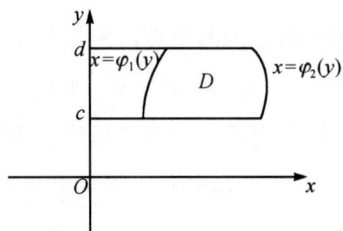

是先把给定的累次积分反过来化为二重积分，求出它的积分区域 D，然后根据 D 再把二重积分化为另外一种顺序的累次积分.

(2) 在极坐标系中化二重积分为累次积分.

在极坐标系中一般只考虑一种顺序的累次积分，也即先固定 θ 对 γ 进行积分，然后再对 θ 进行积分，由于区域 D 的不同类型，也有几种常用的模型.

模型 I：设有界闭区域
$$D = \left\{ (\gamma, \theta) \mid \alpha \leqslant \theta \leqslant \beta, \ \varphi_1(\theta) \leqslant \gamma \leqslant \varphi_2(\theta) \right\}$$

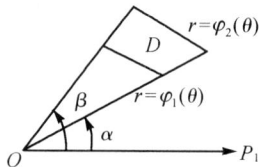

其中 $\varphi_1(\theta)$，$\varphi_2(\theta)$ 在 $[\alpha, \beta]$ 上连续，$f(x, y) = f(\gamma\cos\theta, \gamma\sin\theta)$ 在 D 上连续，则

$$\iint\limits_{D} f(x, y)\mathrm{d}\sigma = \iint\limits_{D} f(\gamma\cos\theta, \gamma\sin\theta)\gamma\mathrm{d}\gamma\mathrm{d}\theta = \int_{\alpha}^{\beta}\mathrm{d}\theta\int_{\varphi_1(\theta)}^{\varphi_2(\theta)} f(\gamma\cos\theta, \gamma\sin\theta)\gamma\mathrm{d}\gamma .$$

模型 II：设有界闭区域 $D = \left\{ (\gamma, \theta) \mid \alpha \leqslant \theta \leqslant \beta, \ 0 \leqslant \gamma \leqslant \varphi(\theta) \right\}$，

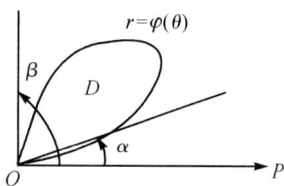

其中 $\varphi(\theta)$ 在 $[\alpha, \beta]$ 上连续，$f(x, y) = f(\gamma\cos\theta, \gamma\sin\theta)$ 在 D 上连续，则 $\quad \iint\limits_{D} f(x, y)\mathrm{d}\sigma = \iint\limits_{D} f(\gamma\cos\theta, \gamma\sin\theta)\gamma\mathrm{d}\gamma\mathrm{d}\theta$

$$= \int_{\alpha}^{\beta}\mathrm{d}\theta\int_{0}^{\varphi(\theta)} f(\gamma\cos\theta, \gamma\sin\theta)\gamma\mathrm{d}\gamma .$$

(3) 将二重积分化为二次积分时，X – 型域与 Y – 型域的选择可遵循如下原则.

① 函数原则：观察函数的结构，遵循内层积分能够求出原则.

② 区域原则：若积分区域为 Y – 型域，即用平行于 x 轴的直线穿过区域 D 内部，它与 D 的边界曲线相交最多为两个点，应先对 x 积分而后对 y 积分；

若积分区域为 X – 型域，即用平行于 y 轴的直线穿过区域 D 内部，它与 D 的边界曲线相交最多为两个点，应先对 y 积分而后对 x 积分；

若积分区域既为 X – 型域又为 Y – 型域，这时在函数原则的前提下，先对 x 积分与先对 y 积分均可，一般选择哪个变量积分简单就采用该积分顺序.

③ 少分块原则：在满足函数原则的前提下，要使分块最少.

(4) 直角坐标下化二重积分为二次积分时，确定积分限的原则.

① 每层积分的下限都应小于上限；

② 一般而言，内层积分限可以是外层积分变量的函数，也可以是常数；

③ 外层积分限必须为常数.

(5) 当二重积分的积分域为圆域、扇形域或圆环域，被积函数具有 $x^2 + y^2$ 的函数形式，可考虑用极坐标计算. 极坐标系下将二重积分化为二次积分时，一般均采用先 r 后 θ 的积分次序.

10.2.2 典型例题解析

例 10.2.1 将二重积分 $\iint\limits_{D} f(x,y)\mathrm{d}x\mathrm{d}y$ 化成二次积分，其中区域 D 由抛物线 $y=x^2-1$ 及直线 $y=1-x$ 所围成.

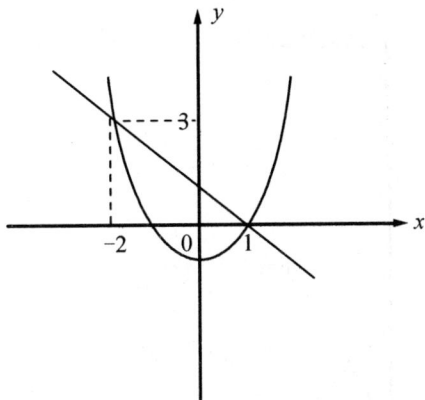

解： 首先说明如何用"穿线法"确定二次积分的上、下限.

若先对 y 积分，则将区域 D 向 x 轴投影，得 x 轴上的区间 $[-2,1]$，于是变量 x 满足 $-2\leqslant x\leqslant 1$，过区间 $[-2,1]$ 上任一点作平行于 y 轴的直线从下向上穿过区域 D，穿入 D 时碰到的边界曲线 $y=x^2-1$，穿出 D 时离开的边界曲线为 $y=1-x$，从而变量 y 满足 $x^2-1\leqslant y\leqslant 1-x$，积分区域 D 可用不等式组表示为 $D\begin{cases}-2\leqslant x\leqslant 1\\ x^2-1\leqslant y\leqslant 1-x\end{cases}$，于是有：

$$\iint\limits_{D} f(x,y)\mathrm{d}\sigma=\int_{-2}^{1}\mathrm{d}x\int_{x^2-1}^{1-x} f(x,y)\mathrm{d}y .$$

若先对 x 积分，则将区域 D 向 y 轴投影，得 y 轴上的区间 $[-1,3]$，积分变量 y 满足 $-1\leqslant y\leqslant 3$，过区间 $[-1,3]$ 上任一点作平行于 x 轴的直线从左向右穿过区域 D，当 $0\leqslant y\leqslant 3$ 时穿入碰到的边界曲线为 $x=-\sqrt{y+1}$，穿出时离开的边界曲线为直线 $x=1-y$，即 $-\sqrt{y+1}\leqslant x\leqslant 1-y$. 当 $-1\leqslant y\leqslant 0$ 时，穿入碰到的边界曲线为 $x=-\sqrt{y+1}$，穿出时离开的边界曲线为 $x=\sqrt{y+1}$，即 $-\sqrt{y+1}\leqslant x\leqslant\sqrt{y+1}$. 积分区域 $D=D_1+D_2$，且 D_1、D_2 分别可用不等式表示为 $D_1=\begin{cases}-1\leqslant y\leqslant 0\\ -\sqrt{y+1}\leqslant x\leqslant\sqrt{1-y}\end{cases}$，$D_2=\begin{cases}0\leqslant y\leqslant 3\\ -\sqrt{y+1}\leqslant x\leqslant 1-y\end{cases}$，于是 $\iint\limits_{D} f(x,y)\mathrm{d}\sigma=\int_{-1}^{0}\mathrm{d}y\int_{-\sqrt{y+1}}^{\sqrt{y+1}} f(x,y)\mathrm{d}x+\int_{0}^{3}\mathrm{d}y\int_{-\sqrt{y+1}}^{1-y} f(x,y)\mathrm{d}x .$

小结： 确定积分限采用穿线法，若先对 y 积分而后对 x 积分，则将积分区域投影在 x 轴上，可得 x 的变化范围. 再过固定点 x 点作一平行于 y 轴的直线从下向上穿过区域 D，则可得到 y 的变化范围. 从而可将积分域 D 用不等式组表示出来，这种确定上、下限的方法比较直观. 二重积分化为二次积分一般而言，内层积分的上、下限是外层积分变量的函数或者常数，而外层积分的上、下限一定为常数.

例 10.2.2 交换二次积分的次序

$$I_1 = \int_0^1 dy \int_0^{2y} f(x,y)dx + \int_1^3 dy \int_0^{3-y} f(x,y)dx$$

解： 如下图所示，$I_1 = \int_0^2 dx \int_{\frac{x}{2}}^{3-x} f(x,y)dy$.

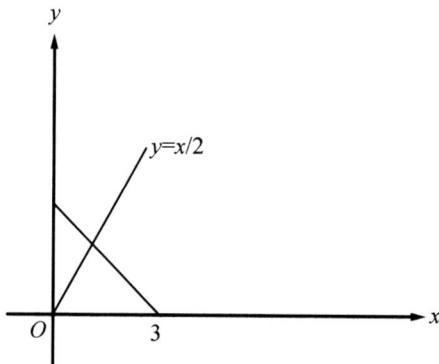

例 10.2.3 计算 $I = \iint\limits_D y d\sigma$ ，D 是由抛物线 $y^2 = 2x$ 与直线 $y = x - 4$ 所围成的区域.

解： 如下图所示，$D \begin{cases} -2 \leqslant y \leqslant 4 \\ \dfrac{y^2}{2} \leqslant x \leqslant y + 4 \end{cases}$

$$I = \int_{-2}^4 dy \int_{\frac{y^2}{2}}^{y+4} y dx = \int_{-2}^4 y\left(y + 4 - \frac{y^2}{2}\right)dy = 18.$$

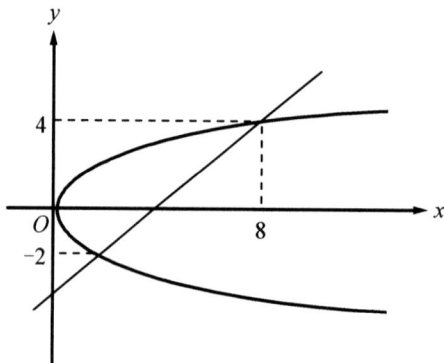

小结： 此题亦可采用先对 y 积分，但计算起来较麻烦.

例 10.2.4　计算 $I=\int_0^1 \mathrm{d}x \int_x^1 x^2 \mathrm{e}^{-y^2} \mathrm{d}y$.

解：如下图所示，由于 $\int \mathrm{e}^{-y^2} \mathrm{d}y$ 不能用初等函数表示出来，即先对 y 积分是不可行的，故首先应交换积分次序 $I=\int_0^1 \mathrm{d}x \int_x^1 x^2 \mathrm{e}^{-y^2} \mathrm{d}y = \int_0^1 \mathrm{d}y \int_0^y x^2 \mathrm{e}^{-y^2} \mathrm{d}x = \frac{1}{3}\int_0^1 y^3 \mathrm{e}^{-y^2} \mathrm{d}y \overset{t=y^2}{=} \frac{1}{6}\int_0^1 t \mathrm{e}^{-t} \mathrm{d}t = \frac{1}{6}\left(1-\frac{2}{\mathrm{e}}\right)$.

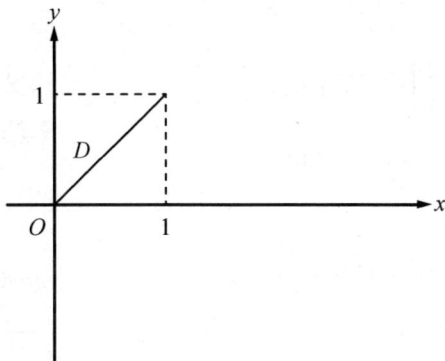

例 10.2.5　将 $\iint\limits_D f(x,y)\mathrm{d}\sigma$ 表示为极坐标系下的二次积分，其中 D 由 $y=x$、x 轴及圆周 $(x-1)^2 + y^2 = 1$ 所围成.

解：$D\begin{cases} 0 \leqslant r \leqslant 2\cos\theta \\ 0 \leqslant \theta \leqslant \dfrac{\pi}{4} \end{cases}$，则 $\iint\limits_D f(x,y)\mathrm{d}\sigma = \int_0^{\frac{\pi}{4}} \mathrm{d}\theta \int_0^{2\cos\theta} f(r\cos\theta, r\sin\theta) r\mathrm{d}r$

例 10.2.6　计算 $I=\iint\limits_D (xy+1)\mathrm{d}x\mathrm{d}y$，其中 $D: 4x^2 + y^2 \leqslant 4$.

解法 1：$D\begin{cases} -2\sqrt{1-x^2} \leqslant y \leqslant 2\sqrt{1-x^2} \\ -1 \leqslant x \leqslant 1 \end{cases}$

$$I=\int_{-1}^1 \mathrm{d}x \int_{-2\sqrt{1-x^2}}^{2\sqrt{1-x^2}} (xy+1)\mathrm{d}y$$

$$= \int_{-1}^1 \left[\frac{xy}{2}\right]_{-2\sqrt{1-x^2}}^{2\sqrt{1-x^2}} \mathrm{d}x + \int_{-1}^1 4\sqrt{1-x^2}\,\mathrm{d}x = -\frac{2}{3}(1-x^2)^{\frac{3}{2}}\Big|_{-1}^1 + 4\cdot\frac{\pi}{2} = 2\pi$$

解法 2：$D\begin{cases} -\dfrac{\sqrt{4-y^2}}{2} \leqslant x \leqslant \dfrac{\sqrt{4-y^2}}{2} \\ -2 \leqslant y \leqslant 2 \end{cases}$

$$I=\int_{-2}^2 \mathrm{d}y \int_{-\frac{\sqrt{4-y^2}}{2}}^{\frac{\sqrt{4-y^2}}{2}} (xy+1)\mathrm{d}x = 2\pi$$

解法 3：因为积分域 D 关于 x 轴对称，且函数 $f(x,y)=xy$ 关于 y 是奇函数，则 $\iint\limits_D xy\mathrm{d}x\mathrm{d}y = 0$，而 $\iint\limits_D \mathrm{d}x\mathrm{d}y = 2\pi$，则 $I=2\pi$.

例 10.2.7 计算 $\displaystyle\iint\limits_{\substack{|x|\leqslant 1 \\ 0\leqslant y\leqslant 2}} \sqrt{|y-x^2|}\mathrm{d}x\mathrm{d}y$.

解： 原式 $=\displaystyle\int_{-1}^{1}\mathrm{d}x\left[\int_{0}^{x^2}\sqrt{x^2-y}\mathrm{d}y+\int_{x^2}^{2}\sqrt{y-x^2}\mathrm{d}y\right]$

$$=-\frac{2}{3}\int_{-1}^{1}(x^2-y^2)^{\frac{3}{2}}\bigg|_{y=0}^{y=x^2}\mathrm{d}x+\frac{2}{3}\int_{-1}^{1}(y-x^2)^{\frac{3}{2}}\bigg|_{y=x^2}^{y=2}\mathrm{d}x$$

$$=\frac{2}{3}\int_{-1}^{1}|x|^3\mathrm{d}x+\frac{2}{3}\int_{-1}^{1}(2-x^2)^{\frac{3}{2}}\mathrm{d}x=\frac{5}{3}+\frac{\pi}{2}.$$

例 10.2.8 求 $I=\displaystyle\iint\limits_{D}(\sqrt{x^2+y^2}+y)\mathrm{d}\sigma$.

$$D:\begin{cases} x^2+y^2\leqslant 4 \\ (x+1)^2+y^2\geqslant 1 \end{cases}$$

解法 1： $\displaystyle\iint\limits_{D}=\iint\limits_{D\text{大圆}}-\iint\limits_{D\text{小圆}}$

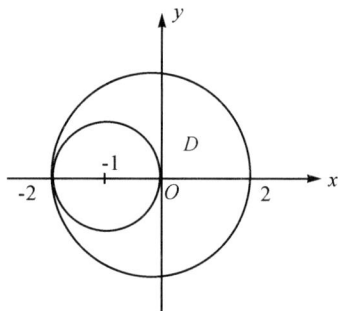

$$\iint\limits_{D\text{大圆}}\left[\sqrt{x^2+y^2}+y\right]\mathrm{d}\sigma=\iint\limits_{D\text{大圆}}\sqrt{x^2+y^2}\mathrm{d}\sigma+0(\text{对称性})$$

$$=\int_{0}^{2\pi}\mathrm{d}\theta\int_{0}^{2}r^2\mathrm{d}r=\frac{16}{3}\pi$$

$$\iint\limits_{D\text{小圆}}=\iint\limits_{D\text{小圆}}\sqrt{x^2+y^2}\mathrm{d}\sigma+0=\int_{\frac{\pi}{2}}^{\frac{3\pi}{2}}\mathrm{d}\theta\int_{0}^{-2\cos\theta}r^2\mathrm{d}r=\frac{32}{9}$$

$$\therefore\quad\iint\limits_{D}\left(\sqrt{x^2+y^2}+y\right)\mathrm{d}\sigma=\frac{16}{9}(3\pi-2).$$

解法 2： 由积分区域对称性和被积函数的奇偶性可知

$$\iint\limits_{D}y\mathrm{d}\sigma=0$$

$$\iint\limits_{D}\sqrt{x^2+y^2}\mathrm{d}\sigma=2\iint\limits_{D\text{上}}\sqrt{x^2+y^2}\mathrm{d}\sigma$$

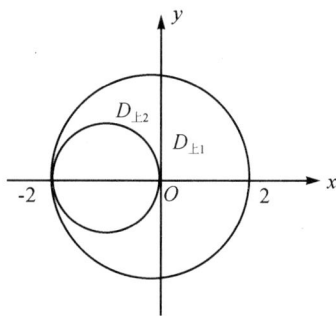

$$\text{原式}=2\left[\iint\limits_{D\text{上1}}\sqrt{x^2+y^2}\mathrm{d}\sigma+\iint\limits_{D\text{上2}}\sqrt{x^2+y^2}\mathrm{d}\sigma\right]$$

$$=2\left[\int_{0}^{\frac{\pi}{2}}\mathrm{d}\theta\int_{0}^{2}r^2\mathrm{d}\gamma+\int_{\frac{\pi}{2}}^{\pi}\mathrm{d}\theta\int_{-2\cos\theta}^{2}r^2\mathrm{d}r\right]$$

$$=2\left[\frac{4}{3}\pi+\left(\frac{4}{3}\pi-\frac{16}{9}\right)\right]=\frac{16}{9}(3\pi-2)$$

10.2.3　练习题

习题(基础训练)

1. 交换二次积分的积分次序：

(1) $\displaystyle\int_0^1 \mathrm{d}y \int_{\sqrt{y}}^{\sqrt{2-y}} f(x,y)\mathrm{d}x = $ _____ .

(2) $\displaystyle\int_0^1 \mathrm{d}x \int_0^{\sqrt{2x-x^2}} f(x,y)\mathrm{d}y + \int_1^2 \mathrm{d}x \int_0^{2-x} f(x,y)\mathrm{d}y = $ _____ .

2. 计算下列二重积分：

(1) $I = \displaystyle\int_0^1 \int_x^{\sqrt{3}x} xy \mathrm{d}x\mathrm{d}y$.

(2) $I = \displaystyle\int_0^2 \mathrm{d}x \int_x^2 \mathrm{e}^{-y^2} \mathrm{d}y$.

(3) $I = \displaystyle\iint_D \dfrac{x^2}{y^2} \mathrm{d}x\mathrm{d}y$，$D$ 是由 $xy=1$、$y=x$、$x=2$ 所围.

(4) $I = \iint\limits_{D} \dfrac{1}{y} \sin y \mathrm{d}\sigma$, D 是由 $y^2 = \dfrac{\pi}{2}x$, $y = x$ 所围成.

(5) $I = \iint\limits_{D} \arctan \dfrac{y}{x} \mathrm{d}\sigma$ ，其中 D 是由圆周 $x^2 + y^2 = 1$, $x^2 + y^2 = 4$ 及直线 $x = 0$, $y = 0$ 所围成的第一象限的闭区域.

(6) $I = \iint\limits_{D} \mathrm{e}^{-(x^2+y^2)} \mathrm{d}x\mathrm{d}y$, D: $x^2 + y^2 \leqslant a^2$.

(7) $I = \iint\limits_{D} (3x - 6y + 9)\mathrm{d}\sigma$, $D = \left\{ (x,y) \big| x^2 + y^2 \leqslant R^2 \right\}$.

习题(能力提升)

1. 若区域 $D = \left\{ (x,y) \big| x^2 + y^2 \leqslant a^2 \right\}$ ，则 $\iint\limits_{D} |xy| \mathrm{d}x\mathrm{d}y = ($ $)$.

    A. 0   B. a^4 C. $\dfrac{a^4}{2}$ D. πa^4

2. 交换二次积分的次序：

$$\int_{-1}^{0}\mathrm{d}x\int_{-x}^{2-x^2}f(x,y)\mathrm{d}y+\int_{0}^{1}\mathrm{d}x\int_{x}^{2-x^2}f(x,y)\mathrm{d}y=\underline{\hspace{4cm}}.$$

3. 计算下列二重积分：

(1) $I=\iint\limits_{D}xy^2\cos(x^2y)\mathrm{d}x\mathrm{d}y,\ D:\ 0\leqslant x\leqslant 2,\ 0\leqslant y\leqslant\dfrac{\pi}{2}$；

(2) $I=\iint\limits_{D}\sqrt{\dfrac{1-x^2-y^2}{1+x^2+y^2}}\mathrm{d}x\mathrm{d}y,\ D:\ x^2+y^2\leqslant 1,\ x\geqslant 0,\ y\geqslant 0$.

10.3　三　重　积　分

10.3.1　重要知识点

1. 直角坐标系下三重积分的计算法

若 $\Omega\begin{cases}z_1(x,y)\leqslant z\leqslant z_2(x,y)\\y_1(x)\leqslant y\leqslant y_2(x)\\a\leqslant x\leqslant b\end{cases}$ ，则 $\iiint\limits_{\Omega}f(x,y,z)\mathrm{d}v=\int_{a}^{b}\mathrm{d}x\int_{y_1(x)}^{y_2(x)}\mathrm{d}y\int_{z_1(x,y)}^{z_2(x,y)}f(x,y,z)\mathrm{d}z$.

2. 柱面坐标系下三重积分的计算法

若 Ω $\begin{cases} z_1(r,\theta) \leqslant z \leqslant z_2(r,\theta) \\ r_1(\theta) \leqslant r \leqslant r_2(\theta) \\ \alpha \leqslant \theta \leqslant \beta \end{cases}$

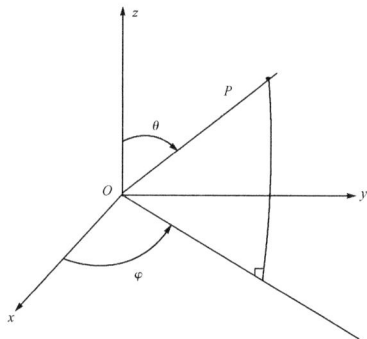

则 $\iiint\limits_{\Omega} f(x,y,z)\mathrm{d}v = \int_{\alpha}^{\beta} \mathrm{d}\theta \int_{r_1(\theta)}^{r_2(\theta)} r \mathrm{d}r \int_{z_1(r,\theta)}^{z_2(r,\theta)} f(r\cos\theta, r\sin\theta, z)\mathrm{d}z$

3. 球面坐标系下三重积分的计算法

若 Ω $\begin{cases} r_1(\varphi,\theta) \leqslant r \leqslant r_2(\varphi,\theta) \\ \varphi_1(\theta) \leqslant \varphi \leqslant \varphi_2(\theta) \\ \alpha \leqslant \theta \leqslant \beta \end{cases}$

则 $\iiint\limits_{\Omega} f(x,y,z)\mathrm{d}v = \int_{\alpha}^{\beta} \mathrm{d}\theta \int_{\varphi_1(\theta)}^{\varphi_2(\theta)} \sin\varphi \mathrm{d}\varphi \int_{r_1(\varphi,\theta)}^{r_2(\varphi,\theta)} f(r\sin\varphi\cos\theta, r\sin\varphi\sin\theta, \cos\varphi) r^2 \mathrm{d}r.$

4. 三重积分的物理意义 $\iiint\limits_{\Omega} f(x,y,z)\mathrm{d}v$

(1) 若 $f(x,y,z) \geqslant 0$ 表示空间物体 Ω 的密度，则三重积分 $\iiint\limits_{\Omega} f(x,y,z)\mathrm{d}v$ 表示这个物体的质量；

(2) 若 $f(x,y,z) \equiv 1$，则三重积分 $\iiint\limits_{\Omega} f(x,y,z)\mathrm{d}v$ 在数值上等于空间立体 Ω 的体积(如同可以用二重积分计算空间立体的体积一样，三重积分也可以计算空间立体的体积).

5. 利用对称性计算三重积分 $\iiint\limits_{\Omega} f(x,y,z)\mathrm{d}v$

如果 Ω 关于平面 $z=0$ 对称，则当函数 $f(x,y,z)$ 是 z 的奇函数，即 $f(x,y,-z) = -f(x,y,z)$ 时，有 $\iiint\limits_{\Omega} f(x,y,z)\mathrm{d}v = 0$；当函数 $f(x,y,z)$ 是 z 的偶函数，即 $f(x,y,-z) = f(x,y,z)$ 时，有 $\iiint\limits_{\Omega} f(x,y,z)\mathrm{d}v = 2\iiint\limits_{\Omega_1} f(x,y,z)\mathrm{d}v$，其中 Ω_1 是 Ω 内 $z \geqslant 0$ 的部分.

如果 Ω 关于平面 $x=0$ 或平面 $y=0$ 对称，而被积函数 $f(x,y,z)$ 是 x 或 y 的奇函数或偶函数时，也有类似的结论.

10.3.2 典型例题解析

例 10.3.1 将三重积分 $\iiint\limits_{\Omega} f(x,y,z)\mathrm{d}v$ 化为直角坐标系下的三次积分，其中 Ω 由柱面 $x^2 + y^2 = 1$, $z=1$, $z=2$ 围成.

分析 这是一个简单的空间区域，首先用不等式组来表示积分区域 Ω.

将 Ω 向 xOy 面投影，得 Ω $\begin{cases} 1 \leqslant z \leqslant 2, \\ -\sqrt{1-x^2} \leqslant y \leqslant \sqrt{1-x^2}, \\ -1 \leqslant x \leqslant 1; \end{cases}$

向 yOz 面投影，得 Ω $\begin{cases} -\sqrt{1-y^2} \leqslant x \leqslant \sqrt{1-y^2}, \\ 1 \leqslant z \leqslant 2, \\ -1 \leqslant y \leqslant 1; \end{cases}$

向 zOx 面投影，得 Ω $\begin{cases} -\sqrt{1-x^2} \leqslant y \leqslant \sqrt{1-x^2}, \\ 1 \leqslant z \leqslant 2, \\ -1 \leqslant x \leqslant 1; \end{cases}$

解：
$$\iiint\limits_{\Omega} f(x,y,z)\mathrm{d}v = \int_{-1}^{1}\mathrm{d}x \int_{-\sqrt{1-x^2}}^{\sqrt{1-x^2}}\mathrm{d}y \int_{1}^{2} f(x,y,z)\mathrm{d}z$$
$$= \int_{-1}^{1}\mathrm{d}y \int_{1}^{2}\mathrm{d}z \int_{-\sqrt{1-y^2}}^{\sqrt{1-y^2}} f(x,y,z)\mathrm{d}x$$
$$= \int_{-1}^{1}\mathrm{d}x \int_{1}^{2}\mathrm{d}z \int_{-\sqrt{1-x^2}}^{\sqrt{1-x^2}} f(x,y,z)\mathrm{d}y.$$

例 10.3.2 计算 $\iiint\limits_{\Omega} \dfrac{1}{x^2+y^2+1}\mathrm{d}v$，其中 Ω 由旋转抛物面 $x^2+y^2=z$ 及平面 $z=1$ 所围成的区域.

分析 Ω 在 xOy 坐标面的投影区域 D 为圆域 $x^2+y^2 \leqslant 1$，因此可选用柱面坐标，积分区域 Ω 为 $\begin{cases} r^2 \leqslant z \leqslant 1, \\ 0 \leqslant r \leqslant 1, \\ 0 \leqslant \theta \leqslant 2\pi. \end{cases}$

解： $\iiint\limits_{\Omega} \dfrac{1}{x^2+y^2+1}\mathrm{d}v = \int_{0}^{2\pi}\mathrm{d}\theta \int_{0}^{1} \dfrac{1}{1+r^2} r\mathrm{d}r \int_{r^2}^{1}\mathrm{d}z = \pi.$

小结： 将空间区域 Ω 向 xOy 面投影的投影区域为 D_{xy}，如果在投影区域 D_{xy} 上的二重积分适合用极坐标计算，则空间区域 Ω 上的三重积分适合于用柱面坐标计算. 一般来说，当积分区域 Ω 上圆柱形区域或空间区域 Ω 的投影区域是圆域，被积函数仅是 x^2+y^2 或 z 的函数时，考虑采用柱面坐标计算该三重积分.

例 10.3.3 计算 $\iiint\limits_{\Omega} xyz\mathrm{d}v$，其中 Ω 是球面 $z=\sqrt{1-x^2-y^2}$ 与锥面 $z=\sqrt{x^2+y^2}$ 所围成的在第一卦限的部分.

分析　选用球面坐标，积分域为 Ω $\begin{cases} 0 \leqslant r \leqslant 1, \\ 0 \leqslant \varphi \leqslant \dfrac{\pi}{4}, \\ 0 \leqslant \theta \leqslant \dfrac{\pi}{2}. \end{cases}$

解：$\displaystyle\iiint\limits_{\Omega} xyz\mathrm{d}v = \int_0^{\frac{\pi}{2}}\mathrm{d}\theta\int_0^{\frac{\pi}{4}}\mathrm{d}\varphi\int_0^1 r^3\sin^2\varphi\cos\varphi\sin\theta\cos\theta r^2\sin\varphi\mathrm{d}r$

$\displaystyle = \int_0^{\frac{\pi}{2}}\sin\theta\cos\theta\mathrm{d}\theta\int_0^{\frac{\pi}{4}}\sin^3\varphi\cos\varphi\mathrm{d}\varphi\int_0^1 r^5\mathrm{d}r = \frac{1}{192}.$

例 10.3.4　计算 $\displaystyle\iiint\limits_{\Omega}(x+z)\mathrm{d}v$，其中 Ω 是锥面 $z = \sqrt{x^2+y^2}$ 和球面 $z = \sqrt{1-x^2-y^2}$ 所围的空间区域.

分析　因为被积函数是 x 的奇函数，积分区域 Ω 关于平面 $x=0$ 对称，所以 $\displaystyle\iiint\limits_{\Omega} x\mathrm{d}v = 0$，则 $\displaystyle\iiint\limits_{\Omega}(x+z)\mathrm{d}v = \iiint\limits_{\Omega} z\mathrm{d}v$. 又由于 $\displaystyle\iiint\limits_{\Omega} z\mathrm{d}v$ 的被积函数中只含 z，用平行于 xOy 面的平面去截 Ω 所得闭区域 $D(z)$ 的面积很容易求出，因此可选用此"先二后一"方法求解.

解：$\displaystyle\iiint\limits_{\Omega}(x+z)\mathrm{d}v = \iiint\limits_{\Omega} z\mathrm{d}v$

$\displaystyle = \int_0^{\frac{\sqrt{2}}{2}} z\mathrm{d}z\iint\limits_{D_1(z)}\mathrm{d}\sigma + \int_{\frac{\sqrt{2}}{2}}^1 z\mathrm{d}z\iint\limits_{D_2(z)}\mathrm{d}\sigma$

$\displaystyle = \int_0^{\frac{\sqrt{2}}{2}} z\pi z^2\mathrm{d}z + \int_{\frac{\sqrt{2}}{2}}^1 \pi z(1-z^2)\mathrm{d}z = \frac{\pi}{8}.$

小结：三重积分的计算，一般来说都需要计算多步，但如果能用上"对称性"，可能会收到意想不到的效果. 但在利用"对称性"时，一定要同时兼顾被积函数的奇偶性和积分区域的对称性.

10.3.3　练习题

习题(基础训练)

1. 单项选择题

Ω 是由曲面 $x^2+y^2 = z$，$z = 4$ 围成的区域，f 为连续函数，在柱面坐标系下 $\displaystyle\iiint\limits_{\Omega} f(x,y,z)\mathrm{d}v = (\qquad)$.

A. $\displaystyle\int_0^{2\pi}\mathrm{d}\theta\int_0^4 r\mathrm{d}r\int_1^4 f(r\cos\theta, r\sin\theta, z)\mathrm{d}z$

B. $\int\limits_{0}^{2\pi}\mathrm{d}\theta\int\limits_{0}^{2}r\mathrm{d}r\int\limits_{r^2}^{4}f(r\cos\theta,r\sin\theta,z)\mathrm{d}z$

C. $\int\limits_{0}^{1}\mathrm{d}\theta\int\limits_{0}^{4}r\mathrm{d}r\int\limits_{1}^{4}f(r\cos\theta,r\sin\theta,z)\mathrm{d}z+\int\limits_{0}^{2\pi}\mathrm{d}\theta\int\limits_{1}^{4}r\mathrm{d}r\int\limits_{r^2}^{4}f(r\cos\theta,r\sin\theta,z)\mathrm{d}z$

D. $\int\limits_{0}^{2\pi}\mathrm{d}\theta\int\limits_{1}^{4}r\mathrm{d}r\int\limits_{1}^{4}f(r\cos\theta,r\sin\theta,z)\mathrm{d}z+\int\limits_{0}^{2\pi}\mathrm{d}\theta\int\limits_{0}^{1}r\mathrm{d}r\int\limits_{1}^{4}f(r\cos\theta,r\sin\theta,z)\mathrm{d}z$

2. 设 Ω: $x^2+y^2+z^2\leqslant a^2$, $z\geqslant 0$，则 $\iiint\limits_{\Omega}z\mathrm{d}v=$ _____.

3. 计算下列三重积分：

(1) $\iiint\limits_{\Omega}xyz\mathrm{d}v$，其中 Ω 由 $x=1$, $y=x$, $z=y$, $z=0$ 所围成；

(2) $\iiint\limits_{\Omega}\mathrm{e}^{-x^2-y^2}\mathrm{d}v$, Ω: $x^2+y^2\leqslant 1$, $0\leqslant z\leqslant 1$.

习题(能力提升)

1. 单项选择题.

(1) 设 Ω 由 $x^2+y^2+z^2\leqslant a^2$, $x^2+y^2\leqslant b^2(b<a)$, $z\geqslant 0$ 所确定，则 $\iiint\limits_{\Omega}z\mathrm{d}v=($ 　　).

A. $\int\limits_{0}^{2\pi}\mathrm{d}\theta\int\limits_{0}^{\frac{\pi}{2}}\sin\varphi\cos\varphi\mathrm{d}\varphi\int\limits_{0}^{a}r^3\mathrm{d}r$ 　　　　B. $\int\limits_{0}^{2\pi}\mathrm{d}\theta\int\limits_{0}^{b}\mathrm{d}r\int\limits_{0}^{\sqrt{a^2-r^2}}z\mathrm{d}z$

C. $\int\limits_{-b}^{b}\mathrm{d}x\int\limits_{-\sqrt{b^2-x^2}}^{\sqrt{b^2-x^2}}\mathrm{d}y\int\limits_{0}^{\sqrt{a^2-x^2-y^2}}z\mathrm{d}z$ 　　　　D. $\int\limits_{0}^{2\pi}\mathrm{d}\theta\int\limits_{0}^{\frac{\pi}{2}}\sin\varphi\cos\varphi\mathrm{d}\varphi\int\limits_{0}^{\frac{b}{\sin\varphi}}r^3\mathrm{d}r$

(2) 设 Ω 是 $z=x^2+y^2$ 与 $z=1$ 所围区域在第一卦限部分，则 $\iiint\limits_{\Omega}f(x,y,z)\mathrm{d}v\neq($ 　　).

A. $\int\limits_{0}^{1}\mathrm{d}z\int\limits_{0}^{\sqrt{z}}\mathrm{d}x\int\limits_{0}^{\sqrt{z-x^2}}f(x,y,z)\mathrm{d}y$ 　　　　B. $\int\limits_{0}^{1}\mathrm{d}x\int\limits_{0}^{\sqrt{1-x^2}}\mathrm{d}y\int\limits_{0}^{x^2+y^2}f(x,y,z)\mathrm{d}z$

C. $\int_0^{\frac{\pi}{2}} d\theta \int_0^1 dr \int_{r^2}^1 f(r\cos\theta, r\sin\theta, z) r dz$ 　　　　D. $\int_0^1 dx \int_0^{\sqrt{1-x^2}} dy \int_{x^2+y^2}^1 f(x, y, z) dz$

2. 计算三重积分：$\iiint\limits_{\Omega} (x^2 + y^2) dv$，$\Omega$ 由曲线 $y^2 = 2z$ 绕 z 轴旋转一周而围成的曲面与两平面 $z = 2$，$z = 8$ 所围成.

10.4　重积分的应用

10.4.1　重要知识点

1. 曲面的面积

设曲面 S 的方程为 $z = f(x, y)$，则曲面 S 的面积为 $A = \iint\limits_{D} \sqrt{1 + f_x^2(x, y) + f_y^2(x, y)} d\sigma$.

2. 平面薄片的重心

设一平面薄片占有 xOy 面上的闭区域 D，在点 $P(x, y)$ 处的面密度为 $\rho(x, y)$，且 $\rho(x, y)$ 在 D 上连续，则平面薄片的重心坐标为 $(\bar{x}, \bar{y})$，且

$$\bar{x} = \frac{\iint\limits_{D} x\rho(x, y) d\sigma}{\iint\limits_{D} \rho(x, y) d\sigma}, \bar{y} = \frac{\iint\limits_{D} y\rho(x, y) d\sigma}{\iint\limits_{D} \rho(x, y) d\sigma}.$$

3. 平面薄片的转动惯量

设一平面薄片占有 xOy 面上的闭区域 D，在点 $P(x, y)$ 处的面密度为 $\rho(x, y)$，且 $\rho(x, y)$ 在 D 上连续，则平面薄片对于 x 轴的转动惯量为 I_x，对于 y 轴的转动惯量为 I_y，且 $I_x = \iint\limits_{D} y^2 \rho(x, y) d\sigma, I_y = \iint\limits_{D} x^2 \rho(x, y) d\sigma$.

10.4.2　典型例题解析

例 10.4.1　求锥面 $z = \sqrt{x^2 + y^2}$ 被柱面 $z^2 = 2y$ 所截下部分的曲面面积.

分析　计算曲面面积的公式有三个，关键在于选择哪一个公式计算，而这要根据曲面在哪一个坐标面上的投影最简单来决定.

解：由 $\begin{cases} z = \sqrt{x^2 + y^2} \\ z^2 = 2y \end{cases}$ 消去 z 得 D_{xy}：$x^2 + (y-1)^2 \leqslant 1$

又　$\dfrac{\partial z}{\partial x} = \dfrac{x}{\sqrt{x^2 + y^2}}$，$\dfrac{\partial z}{\partial y} = \dfrac{y}{\sqrt{x^2 + y^2}}$

则：$A = \iint\limits_{D_{xy}} \sqrt{1 + \left(\dfrac{\partial z}{\partial x}\right)^2 + \left(\dfrac{\partial z}{\partial y}\right)^2}\, \mathrm{d}\sigma = \iint\limits_{D_{xy}} \sqrt{2}\,\mathrm{d}x\mathrm{d}y = \sqrt{2}\pi$.

例 10.4.2　求由 $y = x^2$ 与 $x + y = 2$ 所围均匀薄板的重心坐标.

解：$\bar{x} = \dfrac{\iint\limits_{D} x\mathrm{d}\sigma}{\iint\limits_{D} \mathrm{d}\sigma} = \dfrac{\displaystyle\int_{-2}^{1} x\mathrm{d}x \int_{x^2}^{2-x} \mathrm{d}y}{\displaystyle\int_{-2}^{1} \mathrm{d}x \int_{x^2}^{2-x} \mathrm{d}y} = \dfrac{-\dfrac{9}{4}}{\dfrac{9}{2}} = -\dfrac{1}{2}$

$\bar{y} = \dfrac{\iint\limits_{D} y\mathrm{d}\sigma}{\iint\limits_{D} \mathrm{d}\sigma} = \dfrac{\displaystyle\int_{-2}^{1} \mathrm{d}x \int_{x^2}^{2-x} y\mathrm{d}y}{\displaystyle\int_{-2}^{1} \mathrm{d}x \int_{x^2}^{2-x} \mathrm{d}y} = \dfrac{8}{5}$

则重心坐标为 $\left(-\dfrac{1}{2}, \dfrac{8}{5}\right)$.

例 10.4.3　求由抛物线 $y = x^2$ 及直线 $y = 1$ 所围成的均匀薄片对于 x 轴的转动惯量.

解：$I_x = \iint\limits_{D} \rho y^2 \mathrm{d}\sigma = \rho \int_{-1}^{1} \mathrm{d}x \int_{x^2}^{1} y^2 \mathrm{d}y = \dfrac{368}{105}\rho$.

10.4.3　练习题

习题(基础训练)

1. 求平面 $3x + 2y + z = 1$ 被椭圆柱面 $2x^2 + y^2 = 1$ 所截下的曲面面积.

2. 设薄片所占区域 D 是由 $y = \sqrt{2px}$，$x = x_0$，$y = 0$ 所围成，求该均匀薄片的质心.

3. 求均匀分布于两圆 $r = 2\sin\theta$ 及 $r = 4\sin\theta$ 之间的区域上的物体的重心坐标.

4. 求直线 $x + y = 1$ 与坐标轴所围区域对 x 轴的转动惯量(面密度 ρ 为常数).

5. 设均匀薄片所占区域 D 是由 $y = x^2$，$y = 1$ 围成，求该薄片物体关于 y 轴的转动惯量.

习题(能力提升)

1. 求曲面 $x^2 + y^2 + z^2 = a^2$ 在圆柱面 $x^2 + y^2 = ax$ 外那部分的面积.

2. 求均匀分布在由 $y=x^2$ 与 $y=1$ 所围成的平面图形上的质量关于直线 $y=-1$ 的转动惯量.

第 11 章　曲线积分与曲面积分

本章知识导航：

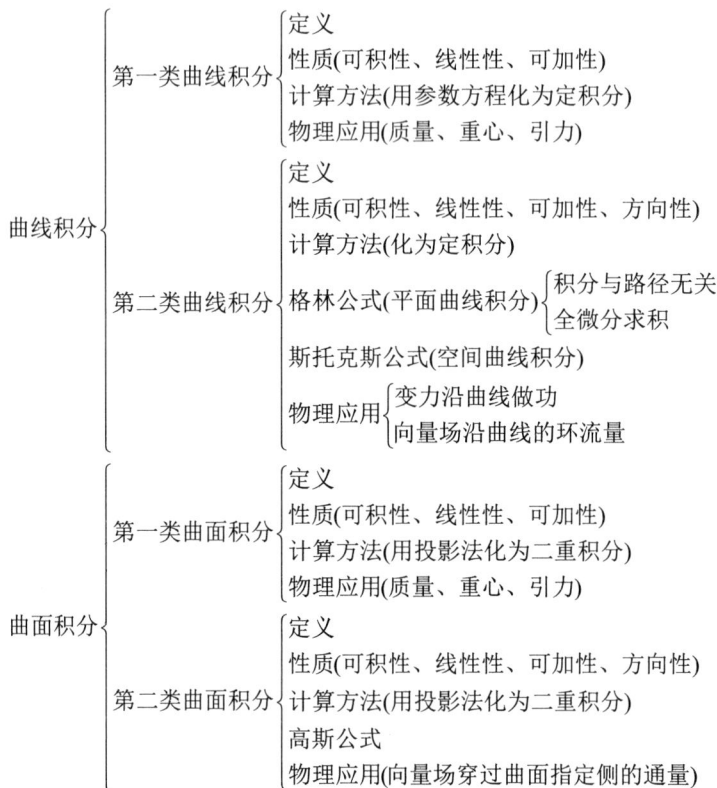

$$
曲线积分
\begin{cases}
第一类曲线积分
\begin{cases}
定义 \\
性质(可积性、线性性、可加性) \\
计算方法(用参数方程化为定积分) \\
物理应用(质量、重心、引力)
\end{cases} \\[2em]
第二类曲线积分
\begin{cases}
定义 \\
性质(可积性、线性性、可加性、方向性) \\
计算方法(化为定积分) \\
格林公式(平面曲线积分)
\begin{cases}
积分与路径无关 \\
全微分求积
\end{cases} \\
斯托克斯公式(空间曲线积分) \\
物理应用
\begin{cases}
变力沿曲线做功 \\
向量场沿曲线的环流量
\end{cases}
\end{cases}
\end{cases}
$$

$$
曲面积分
\begin{cases}
第一类曲面积分
\begin{cases}
定义 \\
性质(可积性、线性性、可加性) \\
计算方法(用投影法化为二重积分) \\
物理应用(质量、重心、引力)
\end{cases} \\[2em]
第二类曲面积分
\begin{cases}
定义 \\
性质(可积性、线性性、可加性、方向性) \\
计算方法(用投影法化为二重积分) \\
高斯公式 \\
物理应用(向量场穿过曲面指定侧的通量)
\end{cases}
\end{cases}
$$

11.1　第一类曲线积分

11.1.1　重要知识点

1. 定义

L 为 xOy 面内的一条光滑曲线弧，$f(x,y)$ 在 L 上有界，用 M_i 将 L 分成 n 小段 ΔS_i，任取一点 $(\xi_i, \eta_i) \in \Delta S_i$ $(i=1,2,3\cdots,n)$，作和 $\sum_{i=1}^{n} f(\xi_i, \eta_i)\Delta S_i$，令 $\lambda = \max\{\Delta s_1, \Delta s_2, \cdots, \Delta s_n\}$，当 $\lambda \to 0$ 时，$\lim\limits_{\lambda \to 0} \sum_{i=1}^{n} f(\xi_i, \eta_i)\Delta S_i$ 存在，称此极限值为 $f(x,y)$ 在 L 上对弧长的曲线积分(第一类曲线积分)记为 $\int_L f(x,y)\mathrm{d}s = \lim\limits_{\lambda \to 0} \sum_{i=1}^{n} f(\xi_i, \eta_i)\Delta S_i$.

注意：(1) 若 L 为曲线封闭，用积分号 $\oint_L f(x,y)\mathrm{d}s$ 表示；

(2) 若 $f(x,y)$ 连续，则 $\int_L f(x,y)\mathrm{d}s$ 存在，其结果为一常数；

(3) 几何意义：若 $f(x,y)=1$，则 $\int_L f(x,y)\mathrm{d}s =L(L$ 为弧长$)$；

(4) 物理意义 $M=\int_L \rho(x,y)\mathrm{d}s$；

(5) 此定义可推广到空间曲线 $\int_\Gamma f(x,z,y)\mathrm{d}s=\lim\limits_{\lambda\to 0}\sum\limits_{i=1}^{n} f(\xi_i,\eta_i,\zeta_i)\Delta S_i$；

(6) 将平面薄片重心、转动惯量推广到曲线弧上

重心：$\bar{x}=\dfrac{\int_L \rho x\mathrm{d}s}{M}$，$\bar{y}=\dfrac{\int_L \rho y\mathrm{d}s}{M}$，$\bar{z}=\dfrac{\int_L \rho z\mathrm{d}s}{M}$.

转动惯量：$I_x=\int_L y^2\rho(x,y)\mathrm{d}s$，$I_y=\int_L x^2\rho(x,y)\mathrm{d}s$，$I_o=\int_L (x^2+y^2)\rho(x,y)\mathrm{d}s$.

(7) 若规定 L 的方向是由 A 指向 B，由 B 指向 A 为负方向，但 $\int_L f(x,y)\mathrm{d}s$ 与 L 的方向

无关.

2．性质

(1) 设 $L=L_1+L_2$，则 $\int_L f(x,y)\mathrm{d}s=\int_{L_1} f(x,y)\mathrm{d}s+\int_{L_2} f(x,y)\mathrm{d}s$；

(2) $\int_L (f(x,y)\pm g(x,y))\mathrm{d}s=\int_L f(x,y)\mathrm{d}s\pm\int_L g(x,y)\mathrm{d}s$；

(3) $\int_L kf(x,y)\mathrm{d}s=k\int_L f(x,y)\mathrm{d}s$.

3．计算

定理　设 $f(x,y)$ 在弧 L 上有定义且连续，L 方程 $\begin{cases}x=\varphi(t)\\ y=\psi(t)\end{cases}$ $(\alpha\leqslant t\leqslant\beta)$，$\varphi(t)$，$\psi(t)$

在 $[\alpha,\beta]$ 上具有一阶连续导数，且 $\varphi'^2(t)+\psi'^2(t)\neq 0$，则曲线积分 $\int_L f(x,y)\mathrm{d}s$ 存在，且

$\int_L f(x,y)\mathrm{d}s=\int_L f[\varphi(t),\varphi(t)]\sqrt{\varphi^2(t)+\varphi'^2(t)}\mathrm{d}t$.

说明：从定理可以看出：

(1) 计算时，将参数式代入 $f(x,y)$，$\mathrm{d}s=\sqrt{\varphi^2(t)+\varphi'^2(t)}\mathrm{d}t$，在 $[\alpha,\beta]$ 上计算定积分.

(2) 注意：下限 α 一定要小于上限 β，$\alpha<\beta$ $(\because \Delta S_i$ 恒大于零，$\therefore$ $\Delta t_i>0)$.

(3) L：$y=\varphi(x)$，$a\leqslant x\leqslant b$ 时，$\int_L f(x,y)\mathrm{d}s=\int_a^b f[x,\varphi(x)]\sqrt{1+[\varphi'(x)]^2}\mathrm{d}x$.

同理，L：$x=\psi(y)$，$c\leqslant y\leqslant d$ 时，$\int_L f(x,y)\mathrm{d}s=\int_c^d f[\psi(y),y]\sqrt{1+[\varphi'(y)]^2}\mathrm{d}y$.

(4) 空间曲线 P：$x=\varphi(t)$；$y=\psi(t)$；$z=\omega(t)(\alpha\leqslant t\leqslant\beta)$.

$$\int_P f(x,y)\mathrm{d}s = \int_\alpha^\beta f[\varphi(t),\psi(t),\omega(t)]\sqrt{\varphi'^2(t)+\psi'^2(t)+\omega'^2(t)}\mathrm{d}t .$$

11.1.2　典型例题解析

例 11.1.1　设 L 是星形线 $x^{\frac{2}{3}}+y^{\frac{2}{3}}=R^{\frac{2}{3}}(R>0)$，则曲线积分 $\oint_L\left(x^{\frac{4}{3}}+y^{\frac{4}{3}}\right)\mathrm{d}s=($　　　$).$

A. $2R^{\frac{7}{3}}$　　　　　B. $3R^{\frac{7}{3}}$　　　　　C. $4R^{\frac{7}{3}}$　　　　　D. $5R^{\frac{7}{3}}$

分析　利用极坐标将曲线用参数方程表示，相应曲线积分可化为定积分.

解：由星形线的直角坐标方程，可推得参数方程

$$\begin{cases} x = R\cos^3 t \\ y = R\sin^3 t \end{cases} (0 \leqslant t \leqslant 2\pi)$$

则　$x' = -3R\cos^2 t\sin t$，$y' = 3R\sin^2 t\cos t$

$$\mathrm{d}s = \sqrt{(x')^2+(y')^2} = \sqrt{9R^2\cos^4 t\sin^2 t + 9R^2\sin^4 t\cos^2 t}\,\mathrm{d}t$$
$$= 3R|\cos t\sin t|\mathrm{d}t.$$

故

$$\oint_L\left(x^{\frac{4}{3}}+y^{\frac{4}{3}}\right)\mathrm{d}s = 4\int_0^{\frac{\pi}{2}} R^{\frac{4}{3}}(\cos^4 t + \sin^4 t)3R\cos t\sin t\,\mathrm{d}t$$

$$= 12R^{\frac{7}{3}}\left[\frac{1}{6}\sin^6 t - \frac{1}{6}\cos^6 t\right]\Big|_0^{\frac{\pi}{2}} = 4R^{\frac{7}{3}}$$

例 11.1.2　计算空间曲线积分 $\oint_L y^2\mathrm{d}s$，其中 L 为球面 $x^2+y^2+z^2=a^2$ 与平面 $x+y+z=0$ 之交线.

分析　以 x 换 y，以 y 换 z，以 z 换 x，曲线 L 的方程不变，即 L 具有轮换对称性，利用这一性质进行计算.

解：由于轮换对称性，可知

$$\oint_L x^2\mathrm{d}s = \oint_L y^2\mathrm{d}s = \oint_L z^2\mathrm{d}s = \frac{1}{3}\oint_L(x^2+y^2+z^2)\mathrm{d}s = \frac{1}{3}a^2\oint_L\mathrm{d}s$$

而 L 是经过球心的圆，其周长为 $2\pi a$，故

$$\oint_L y^2\mathrm{d}s = \frac{2}{3}\pi a^3 .$$

例 11.1.3　计算 $\oint_L\sqrt{2y^2+z^2}\mathrm{d}s$，其中 L 为 $x^2+y^2+z^2=R^2$ 与 $x=y$ 之交线.

分析　将曲线用参数方程表示，相应曲线积分可化为定积分.

解：先从 $\begin{cases} x^2+y^2+z^2=R^2 \\ x=y \end{cases}$ 消去 x 得　$\dfrac{y^2}{\left(\dfrac{R}{\sqrt{2}}\right)^2}+\dfrac{z^2}{R^2}=1$

其参数方程为 $x = \dfrac{R}{\sqrt{2}}\sin t$ ，$y = \dfrac{R}{\sqrt{2}}\sin t$ ，$z = R\cos t$ $(0 \leqslant t \leqslant 2\pi)$

因此　$\oint_L \sqrt{2y^2 + z^2}\,\mathrm{d}s = \int_0^{2\pi} R \cdot \sqrt{x'^2(t) + y'^2(t) + z'^2(t)}\,\mathrm{d}t = \int_0^{2\pi} R \cdot R\,\mathrm{d}t = 2\pi R^2$.

11.1.3　练习题

习题(基础训练)

1．设曲线 L 是上半圆周　$x^2 + y^2 = 2x$ ，则 $\displaystyle\int_L x\,\mathrm{d}s =$ _____．

2．设 L 是圆周 $x = a\cos t$ ，$y = a\sin t$ $(0 \leqslant t \leqslant 2\pi)$ ，则 $\displaystyle\oint_L (x^2 + y^2)^3\,\mathrm{d}s =$ _____．

3．设 L 为直线 $y = x$ 上点 $(0,0)$ 到点 $(1,1)$ 之间的一段，计算曲线积分 $\displaystyle\int_L xy^2\,\mathrm{d}s$ ．

4．计算 $\displaystyle\int_L \mathrm{e}^{\sqrt{x^2+y^2}}\,\mathrm{d}s$ ，L：$r = a$ ，$\theta = 0$ ，$\theta = \dfrac{\pi}{4}$ 所围成的边界．

5．$\displaystyle\oint_L x\,\mathrm{d}s$ ，L：$y = x$ ，$y = x^2$ 围成区域的整个边界．

6. 在曲线弧 L： $x = t - \sin t$ ， $y = 1 - \cos t$ 上分布有质点，线密度 $0 \leqslant t \leqslant 2\pi$ ，求它的质量.

习题(能力提升)

1. 设 L 为 $x^2 + y^2 = a^2$ 在第一象限内的部分，则 $\oint_L e^{\sqrt{x^2+y^2}} \mathrm{d}s =$ _____.

2. 计算 $\oint_L \sqrt{x^2 + y^2} \mathrm{d}s$ ，其中 L： $x^2 + y^2 = ax$.

3. 计算曲线积分 $\int_L |y| \mathrm{d}s$ ，其中 L 是第一象限内从点 $A(0,1)$ 到点 $B(1,0)$ 的单位圆弧.

4. 计算 $\int_L x \mathrm{d}s$ ，其中 L 是圆周 $x^2 + y^2 = a^2$ 上从点 $A(0,a)$ 经点 $C(a,0)$ 到点 $B\left(\dfrac{a}{\sqrt{2}}, -\dfrac{a}{\sqrt{2}}\right)$ 的一段.

11.2 第二类曲线积分

11.2.1 重要知识点

1. 定义

设 L 为 xOy 面内从点 A 到点 B 的一条有向光滑曲线弧，函数 $P(x,y)$，$Q(x,y)$ 在 L 上有界. 在 L 上沿 L 的方向任意插入一点列 $M_{i-1}(x_{i-1}, y_{i-1})$ $(i=1,2,\cdots,n)$ 把 L 分成 n 个有向小弧段

$$\widehat{M_{i-1}M_i}\ (i=1,2,\cdots,n;\ \ M_0=A, M_n=B)$$

设 $\Delta x_i = x_i - x_{i-1}$，$\Delta y_i = y_i - y_{i-1}$，点 (ξ_i, η_i) 为 $\widehat{M_{i-1}M_i}$ 上任意取定的点. 如果当各小弧段长度的最大值 $\lambda \to 0$ 时，$\displaystyle\sum_{i=1}^{n} P(\xi_i, \eta_i)\Delta x_i$ 的极限总存在，则称此极限为函数 $P(x,y)$ 在有向曲线弧 L 上对坐标 x 的曲线积分，记作 $\displaystyle\int_L P(x,y)\mathrm{d}x$. 类似地，如果 $\displaystyle\sum_{i=1}^{n} Q(\xi_i, \eta_i)\Delta y_i$ 的极限值总存在，则称此极限为函数 $Q(x,y)$ 在有向曲线弧 L 上对坐标 y 的曲线积分，记作 $\displaystyle\int_L Q(x,y)\mathrm{d}y$，即

$$\int_L P(x,y)\mathrm{d}x = \lim_{\lambda\to 0}\sum_{i=1}^{n} P(\xi_i, \eta_i)\Delta x_i$$

$$\int_L Q(x,y)\mathrm{d}y = \lim_{\lambda\to 0}\sum_{i=1}^{n} Q(x,y)\Delta y_i$$

2. 性质

(1) 当 $P(x,y)$，$Q(x,y)$ 在 L 上连续时，则 $\displaystyle\int_L P(x,y)\mathrm{d}x$，$\displaystyle\int_L Q(x,y)\mathrm{d}y$ 存在.

(2) 可推广到空间有向曲线 Γ 上.

(3) L 为有向曲线弧，L^- 是与 L 方向相反的曲线，则

$$\int_L P(x,y)\mathrm{d}x = -\int_{L^-} P(x,y)\mathrm{d}x$$

$$\int_L Q(x,y)\mathrm{d}y = -\int_{L^-} Q(x,y)\mathrm{d}y$$

(4) 设 $L = L_1 + L_2$，则 $\displaystyle\int_L P\mathrm{d}x + Q\mathrm{d}y = \int_{L_1} P\mathrm{d}x + Q\mathrm{d}y + \int_{L_2} P\mathrm{d}x + Q\mathrm{d}y$.

此性质可推广到 $L = L_1 + L_2 \cdots + L_n$ 组成的曲线上.

3．对坐标的曲线积分的计算

定理 设 $P(x,y)$，$Q(x,y)$ 在 L 上有定义，且连续，L 的参数方程为 $\begin{cases} x = \varphi(t), \\ y = \psi(t), \end{cases}$ 当 t 单调地从 α 变到 β 时，点 $M(x,y)$ 从 L 的起点 A 沿 L 变到终点 B，且 $\psi(t)$，$\varphi(t)$ 在以 α，β 为端点的闭区间上具有一阶连续导数，且 $\varphi'^2(t) + \psi'^2(t) \neq 0$，则 $\int_L P(x,y)\mathrm{d}x + Q(x,y)\mathrm{d}y$ 存在，且

$$\int_L P(x,y)\mathrm{d}x + Q(x,y)\mathrm{d}y = \int_\alpha^\beta \{P[\varphi(t),\psi(t)]\varphi'(t) + Q[\varphi(t),\psi(t)]\psi'(t)\}\mathrm{d}t.$$

注意：（1）α：L 起点对应参数，β：L 终点对应参数，α 不一定小于 β.

（2）若 L 由 $y = y(x)$ 给出，L 起点为 α，终点为 β.

$$\int_L P\mathrm{d}x + Q\mathrm{d}y = \int_\alpha^\beta \{P[x,y(x)] + Q[x,y(x)]\,y'(x)\}\mathrm{d}x.$$

（3）此公式可推广到空间曲线 Γ：$x = \psi(t)$，$y = \varphi(t)$，$z = \omega(t)$

$$\int_\Gamma P\mathrm{d}x + Q\mathrm{d}y + R\mathrm{d}z = \int_\alpha^\beta \{P[\varphi(t),\psi(t),\omega(t)]\varphi'(t) + Q[\varphi(t),\psi(t),\omega(t)]\psi'(t)$$
$$+ R[\varphi(t),\psi(t),\omega(t)]\omega'(t)\}\mathrm{d}t.$$

α：Γ 起点对应参数，β：Γ 终点对应参数.

4．两类曲线积分的关系

对有向曲线弧 L：$\int_L P\mathrm{d}x + Q\mathrm{d}y = \int_L (P\cos\alpha + Q\sin\beta)\mathrm{d}s$.

同理，对空间曲线 Γ：$\int_L P\mathrm{d}x + Q\mathrm{d}y + R\mathrm{d}z = \int_L (P\cos\alpha + Q\cos\beta + R\cos\gamma)\mathrm{d}s$.

11.2.2　典型例题解析

例 11.2.1 设 L 为正向圆周 $x^2 + y^2 = 2$ 在第一象限中的部分，则曲线积分 $\int_L x\mathrm{d}y - 2y\mathrm{d}x$ 的值为_____．

分析 利用极坐标将曲线用参数方程表示，相应曲线积分可化为定积分．

解： 正向圆周 $x^2 + y^2 = 2$ 在第一象限中的部分，可表示为

$$\begin{cases} x = \sqrt{2}\cos\theta, \\ y = \sqrt{2}\sin\theta, \end{cases} \quad \theta : 0 \to \frac{\pi}{2}.$$

于是 $\int_L x\mathrm{d}y - 2y\mathrm{d}x = \int_0^{\frac{\pi}{2}} [\sqrt{2}\cos\theta \cdot \sqrt{2}\cos\theta + 2\sqrt{2}\sin\theta \cdot \sqrt{2}\sin\theta]\mathrm{d}\theta$

$$= \pi + \int_0^{\frac{\pi}{2}} 2\sin^2\theta\mathrm{d}\theta = \frac{3\pi}{2}.$$

例 11.2.2　已知平面区域 $D = \{(x,y) \mid 0 \leqslant x \leqslant \pi, 0 \leqslant y \leqslant \pi\}$，$L$ 为 D 的正向边界，试证：

(1) $\oint_L x\mathrm{e}^{\sin y}\mathrm{d}y - y\mathrm{e}^{-\sin x}\mathrm{d}x = \oint_L x\mathrm{e}^{-\sin y}\mathrm{d}y - y\mathrm{e}^{\sin x}\mathrm{d}x$；

(2) $\oint_L x\mathrm{e}^{\sin y}\mathrm{d}y - y\mathrm{e}^{-\sin x}\mathrm{d}x \geqslant 2\pi^2$．

分析　直角坐标系下的二线积分的计算．

解：(1) 左边 $= \int_0^\pi \pi\mathrm{e}^{\sin y}\mathrm{d}y - \int_\pi^0 \pi\mathrm{e}^{-\sin x}\mathrm{d}x = \pi\int_0^\pi (\mathrm{e}^{\sin x} + \mathrm{e}^{-\sin x})\mathrm{d}x$，

右边 $= \int_0^\pi \pi\mathrm{e}^{-\sin y}\mathrm{d}y - \int_\pi^0 \pi\mathrm{e}^{\sin x}\mathrm{d}x = \pi\int_0^\pi (\mathrm{e}^{\sin x} + \mathrm{e}^{-\sin x})\mathrm{d}x$，

所以　　　$\oint_L x\mathrm{e}^{\sin y}\mathrm{d}y - y\mathrm{e}^{-\sin x}\mathrm{d}x = \oint_L x\mathrm{e}^{-\sin y}\mathrm{d}y - y\mathrm{e}^{\sin x}\mathrm{d}x$．

(2) 由于 $\mathrm{e}^{\sin x} + \mathrm{e}^{-\sin x} \geqslant 2$，故由(1)得

$$\oint_L x\mathrm{e}^{\sin y}\mathrm{d}y - y\mathrm{e}^{-\sin x}\mathrm{d}x = \pi\int_0^\pi (\mathrm{e}^{\sin x} + \mathrm{e}^{-\sin x})\mathrm{d}x \geqslant 2\pi^2.$$

例 11.2.3　计算 $I = \int_L 3x^2 y\mathrm{d}x - x^3\mathrm{d}y$，其中 L 是从点 $(0,0)$ 经过点 $(1,0)$ 到点 $(0,0)$ 的折线段．

分析　根据路径可加性讨论．

解：设 L_1：$y = 0$，x 从 0 到 1；L_2：$x = 1$，　y 从 0 到 1．根据路径可加性，得

$$I = \int_{L_1} 3x^2 y\mathrm{d}x - x^3\mathrm{d}y + \int_{L_2} 3x^2 y\mathrm{d}x - x^3\mathrm{d}y = \int_0^1 0\mathrm{d}x + \int_0^1 (-1)\mathrm{d}y = -1.$$

例 11.2.4　设 L 是圆周 $x^2 + y^2 = 2x$，则 $\oint_L -y\mathrm{d}x + x\mathrm{d}y = \underline{\hspace{3cm}}$．

分析　根据两类曲线积分之间的关系讨论．

解：由于 $\boldsymbol{n} = \{x-1, y\}$ 是 L 的单位法向量，所以 $\boldsymbol{\tau} = \{-y, x-1\}$ 就是 L 的正向单位法向量．根据两类曲线积分之间的关系，得

$$\oint_L -y\mathrm{d}x + x\mathrm{d}y = \oint_L -y\mathrm{d}x + (x-1)\mathrm{d}y + \oint_L \mathrm{d}y = \oint_L (-y)^2\mathrm{d}l + (x-1)^2\mathrm{d}l + 0 = 2\pi.$$

例 11.2.5　计算 $I = \oint_L y^2 x\mathrm{d}y - x^2 y\mathrm{d}x$，其中 L 是圆周 $x^2 + y^2 = a^2$，顺时针方向为正．

分析　根据参数方程计算二线积分．

解：取 L 的参数方程为 $\begin{cases} x = a\cos t, \\ y = a\sin t, \end{cases}$　t 从 0 到 -2π，则

$$I = \oint_L y^2 x\mathrm{d}y - x^2 y\mathrm{d}x$$

$$= \int_0^{-2\pi} [(a\sin t)^2 a\cos t\cos t - (a\cos t)^2 a\sin t(-a\sin t)]\mathrm{d}t$$

$$= \frac{1}{2}a^4 \int_0^{-2\pi} (\sin 2t)^2\mathrm{d}t = -\frac{1}{2}a^4\pi.$$

11.2.3　练习题

习题(基础训练)

1. 计算 $\int_L (x+y)\mathrm{d}x + (y-x)\mathrm{d}y$，其中 L 是：

(1) 抛物线 $y^2 = x$ 上从点 $(1,1)$ 到点 $(4,2)$ 的一段弧；

(2) 曲线 $x = 2t^2 + t + 1$，$y = t^2 + 1$ 从点 $(1,1)$ 到点 $(4,2)$ 的一段弧.

2. 计算 $\int_L xy\mathrm{d}x$，其中 L 为抛物线 $y^2 = x$ 上从点 $A(1,-1)$ 到点 $B(1,1)$ 的一段弧.

3. 计算：$\int_L (2a-y)\mathrm{d}x - (a-y)\mathrm{d}y$，$L$：摆线 $x = a(t-\sin t)$，$y = a(1-\cos t)$ 从点 $O(0,0)$ 到点 $B(2\pi a, 0)$.

4. 计算 $\int_L x\mathrm{d}x + y\mathrm{d}y + (x+y-1)\mathrm{d}z$，其中 L 是从点 $(1,1,1)$ 到点 $(2,3,4)$ 的一段直线.

习题(能力提升)

1. 设 C 为抛物线 $y = x^2$ 从点 $(0, 0)$ 到 $(2, 4)$ 的一段弧，则 $\oint_C (x^2 - y^2)\mathrm{d}x = $ _____ .

2. $\int_L xy^2\mathrm{d}x + (x + y)\mathrm{d}y$ ，　L ：(1)曲线 $y = x^2$ ，(2)折线 $L_1 + L_2$ 起点为 $(0, 0)$ ，终点为 $(1, 1)$.

3. 计算 $I = \int_L y\mathrm{d}x - (x^2 + y^2 + z^2)\mathrm{d}z$ ，其中 L 是曲线 $\begin{cases} x^2 + y^2 = 1 \\ z = 2x + 4 \end{cases}$ 在第一卦限中的部分，从点 $(0, 1, 4)$ 到点 $(1, 0, 6)$.

4. 计算 $I = \int_L \dfrac{(x - y)\mathrm{d}x + (x + y)\mathrm{d}y}{x^2 + y^2}$ ，其中 L 是曲线 $y = x^2 - 2$ 从点 $A(-2, 2)$ 到点 $B(2, 2)$ 的一段.

11.3　格林公式、平面曲线积分与路径无关的条件

11.3.1　重要知识要点

1. 单连通区域

设 D 为单连通区域，若 D 内任一闭曲线所围的部分都属于 D . 称 D 为单连通区域(不

含洞)，否则称为复连通区域(含洞)．其中，平面 D 的边界曲线 L 的方向为：当观测者沿 L 行走时， D 的内部总在它的左边．

2. 格林公式

设闭区域 D 由分段光滑的曲线 L 围成，函数 $P(x,y)$ 和 $Q(x,y)$ 在 D 上具有一阶连续偏导数，则有 $\iint\limits_{D}\left(\dfrac{\partial Q}{\partial x}-\dfrac{\partial P}{\partial y}\right)\mathrm{d}x\mathrm{d}y=\oint\limits_{L}P\mathrm{d}x+Q\mathrm{d}y$ ． L 为 D 的取正向的边界曲线．

说明：(1) 格林公式对光滑曲线围成的闭区域均成立；

(2) 记法 $\oint\limits_{L}x\mathrm{d}y-y\mathrm{d}x=\iint\limits_{D}\left|\begin{array}{cc}\dfrac{\partial}{\partial x}&\dfrac{\partial}{\partial y}\end{array}\right|\mathrm{d}x\mathrm{d}y$ ；

(3) 用二重积分计算曲线积分；

(4) 几何应用：在格林公式中，取 $P=-y$ ， $Q=x$ ， $2A=2\iint\limits_{D}\mathrm{d}x\mathrm{d}y=\oint\limits_{L}x\mathrm{d}y-y\mathrm{d}x$ ，所以 $A=\dfrac{1}{2}\oint\limits_{L}x\mathrm{d}y-y\mathrm{d}x$ (其中 A 为平面区域 D 的面积)．

3. 曲线积分与路径无关

设 G 为一开区域， $P(x,y)$ ， $Q(x,y)$ 在 G 内具有一阶连续偏导数，在 G 内任意指定两点 A,B 及 G 内从 A 到 B 的任意两条曲线 L_1,L_2 ，若 $\int\limits_{L_1}P\mathrm{d}x+Q\mathrm{d}y=\int\limits_{L_2}P\mathrm{d}x+Q\mathrm{d}y$ 恒成立，则称 $\int\limits_{L}P\mathrm{d}x+Q\mathrm{d}y$ 在 G 内与路径无关，否则与路径有关．

定理 设 $P(x,y)$ ， $Q(x,y)$ 在单连通区域 D 内有连续的一阶偏导数，则以下四个条件相互等价

(1) D 内任一闭曲线 C ， $\oint\limits_{C}P\mathrm{d}x+Q\mathrm{d}y=0$ ；

(2) 对 D 内任一曲线 L ， $\int\limits_{L}P\mathrm{d}x+Q\mathrm{d}y$ 与路径无关；

(3) 在 D 内存在某一函数 $\mu(x,y)$ 使 $\mathrm{d}\mu(x,y)=P\mathrm{d}x+Q\mathrm{d}y$ 在 D 内成立；

(4) $\dfrac{\partial P}{\partial y}=\dfrac{\partial Q}{\partial x}$ ，在 D 内处处成立．

4. 二元函数的全微分求积

若 $\oint\limits_{C}P\mathrm{d}x+Q\mathrm{d}y$ 与路径无关，则 $P\mathrm{d}x+Q\mathrm{d}y$ 为某一函数的全微分为

$$u(x,y)=\int_{(x_0,y_0)}^{(x,y)}P\mathrm{d}x+Q\mathrm{d}y=\int_{x_0}^{x}P\mathrm{d}x+Q\mathrm{d}y+\int_{y_0}^{y}P\mathrm{d}x+Q\mathrm{d}y$$

11.3.2 典型例题解析

例 11.3.1 设函数 $f(x)$ 在 $(0,+\infty)$ 上有连续的导数， L 是由点 $A(1,2)$ 到 $B(2,8)$ 的直线

段，则曲线积分 $\oint_L \left[2xy - \dfrac{2y}{x^3} f\left(\dfrac{y}{x^2}\right) \right] \mathrm{d}x + \left[\dfrac{1}{x^2} f\left(\dfrac{y}{x^2}\right) + x^2 \right] \mathrm{d}y = $ _____ .

A. 28　　　　　　B. 26　　　　　　C. 32　　　　　　D. 30

分析　在第一象限内，所给曲线积分与路径无关.

解：令 $P(x,y) = 2xy - \dfrac{2y}{x^3} f\left(\dfrac{y}{x^2}\right)$，$Q(x,y) = \dfrac{1}{x^2} f\left(\dfrac{y}{x^2}\right) + x^2$，则有

$$\frac{\partial P}{\partial y} = 2x - \frac{2}{x^3} f\left(\frac{y}{x^2}\right) - \frac{2y}{x^5} f'\left(\frac{y}{x^2}\right) = \frac{\partial Q}{\partial x}$$

所以，在第一象限内，所给曲线积分与路径无关，取 $y = 2x^2$ 为积分路径，有

$$\oint_L \left[2xy - \frac{2y}{x^3} f\left(\frac{y}{x^2}\right) \right] \mathrm{d}x + \left[\frac{1}{x^2} f\left(\frac{y}{x^2}\right) + x^2 \right] \mathrm{d}y$$

$$= \int_1^2 \left\{ \left[4x^3 - \frac{4x^2}{x^3} f\left(\frac{2x^2}{x^2}\right) \right] \mathrm{d}x + \left[\frac{1}{x^2} f\left(\frac{2x^2}{x^2}\right) + x^2 \right] 4x\mathrm{d}x \right\}$$

$$= \int_1^2 8x^3 \mathrm{d}x = 30.$$

例 11.3.2　设 L 是上半圆 $y = \sqrt{Rx - x^2}$ 上从点 $A(R,0)$ 到点 $O(0,0)$ 的弧段 $(R > 0)$，则曲线积分 $\displaystyle\int_L (\mathrm{e}^x \sin y - ky)\mathrm{d}x + (\mathrm{e}^x \cos y - k)\mathrm{d}y = ($　　　$)$.

A. $\dfrac{k\pi}{4} R^2$　　　　B. $\dfrac{k\pi}{6} R^2$　　　　C. $\dfrac{k\pi}{8} R^2$　　　　D. $\dfrac{k\pi}{10} R^2$

分析　添加 Ox 轴上从点 $O(0,0)$ 到 $A(R,0)$ 的直线段 $\overline{OA}$，则有 $L_1 = L + \overline{OA}$ 构成封闭曲线，然后用格林公式.

解：添加 Ox 轴上从点 $O(0,0)$ 到 $A(R,0)$ 的直线段 $\overline{OA}$，则有 $L_1 = L + \overline{OA}$ 构成封闭曲线，它所围成的平面区域记为 D，并令 $P = \mathrm{e}^x \sin y - ky$，$Q = \mathrm{e}^x \cos y - k$，由格林公式有

$$\oint_{L_1} P\mathrm{d}x + Q\mathrm{d}y = \iint_D \left(\frac{\partial Q}{\partial x} - \frac{\partial P}{\partial y} \right) \mathrm{d}x\mathrm{d}y = \iint_D k\mathrm{d}x\mathrm{d}y = \frac{k\pi}{8} R^2$$

而　$\displaystyle\oint_{L_1} P\mathrm{d}x + Q\mathrm{d}y = \int_L P\mathrm{d}x + Q\mathrm{d}y + \int_{\overline{OA}} P\mathrm{d}x + Q\mathrm{d}y = \int_L P\mathrm{d}x + Q\mathrm{d}y + \int_0^R 0\mathrm{d}x$

于是可得　$\displaystyle\int_L P\mathrm{d}x + Q\mathrm{d}y = \frac{k\pi}{8} R^2$.

例 11.3.3　计算 $I = \oint_L y^2 x\mathrm{d}y - x^2 y\mathrm{d}x$，其中，$L$ 是圆周 $x^2 + y^2 = a^2$，顺时针方向为正.

分析　直接使用格林公式.

解：由于 $y^2 x$，$-x^2 y$ 具有一阶连续偏导数，并注意到 L 的方向，根据格林公式，得

$$I = \oint_L y^2 x\mathrm{d}y - x^2 y\mathrm{d}x$$

$$= -\iint_{x^2+y^2 \leqslant a^2} [y^2 - (-x^2)]\mathrm{d}x\mathrm{d}y$$

$$= -\int_0^{2\pi} \mathrm{d}\theta \int_0^a r^2 \cdot r\mathrm{d}r = -\frac{1}{2} a^4 \pi$$

例 11.3.4　计算 $I = \int_L \dfrac{(x-y)\mathrm{d}x + (x+y)\mathrm{d}y}{x^2 + y^2}$，其中，$L$ 是曲线 $y = x^2 - 2$ 从点 $A(-2,2)$ 到点 $B(2,2)$ 的一段.

分析　直接使用格林公式.

解：记 $X(x,y) = \dfrac{x-y}{x^2+y^2}$，$Y(x,y) = \dfrac{x+y}{x^2+y^2}$，当 $(x,y) \neq (0,0)$ 时，有

$$\frac{\partial X(x,y)}{\partial x} = \frac{y^2 - x^2 - 2xy}{(x^2+y^2)^2} = \frac{\partial Y(x,y)}{\partial y}.$$

令 L_1 是折线段 $A(-2,2) \to C(-2,-2) \to D(2,-2) \to B(2,2)$，则根据格林公式易知

$$\begin{aligned}
I &= \int_L \frac{(x-y)\mathrm{d}x + (x+y)\mathrm{d}y}{x^2+y^2} \\
&= \int_{L_1} \frac{(x-y)\mathrm{d}x + (x+y)\mathrm{d}y}{x^2+y^2} \\
&= \int_{-2}^{2} \frac{-2+y}{4+y^2}\mathrm{d}y + \int_{-2}^{2} \frac{x+2}{x^2+4}\mathrm{d}x + \int_{-2}^{2} \frac{2+y}{4+y^2}\mathrm{d}y \\
&= 6\int_{-2}^{2} \frac{1}{4+y^2}\mathrm{d}y = \frac{3}{2}\pi
\end{aligned}$$

例 11.3.5　已知曲线积分

$$I = \int_L (xz + ay^2 + bz^2)\mathrm{d}x + (xy + az^2 + bx^2)\mathrm{d}y + (yz + ax^2 + by^2)\mathrm{d}z$$

与路径无关，求 a，b 的值，并求从 $A(0,0,0)$ 到 $B(1,1,1)$ 的积分值.

分析　利用积分与路径无关的充要条件.

解：因为函数

$$X(x,y,z) = xz + ay^2 + bz^2$$
$$Y(x,y,z) = xy + az^2 + bx^2$$
$$Z(x,y,z) = yz + ax^2 + by^2$$

都在整个空间上具有连续偏导数，所以 $I = \int_L X(x,y,z)\mathrm{d}x + Y(x,y,z)\mathrm{d}y + Z(x,y,z)\mathrm{d}z$ 与路径无关的充要条件是

$$\frac{\partial Z}{\partial y} = \frac{\partial Y}{\partial z}, \frac{\partial X}{\partial z} = \frac{\partial Z}{\partial x}, \frac{\partial Y}{\partial x} = \frac{\partial X}{\partial y}$$

即

$$\begin{cases} z + 2by - 2az = 0, \\ x + 2bz - 2ax = 0, \\ y + 2bx - 2ay = 0 \end{cases}$$

对任意的 x, y, z 都成立. 因此必有 $a = \dfrac{1}{2}$，$b = 0$.

取 L 是由平行于坐标轴直线构成的折线段，则

$$\int_{L(0,0,0)}^{(1,1,1)} \left(xz + \frac{1}{2}y^2 \right)dx + \left(xy + \frac{1}{2}z^2 \right)dy + \left(yz + \frac{1}{2}x^2 \right)dz$$

$$= \int_0^1 0dx + \int_0^1 ydy + \int_0^1 \left(z + \frac{1}{2} \right)dz = \frac{3}{2}$$

例 11.3.6 判断 $(e^x \cos y + 2xy^2)dx + (2x^2 y - e^x \sin y)dy$ 是否是全微分式，若是，求它的原函数.

分析 利用全微分存在的充要条件.

解： 第一种方法：

因为函数 $e^x \cos y + 2xy^2$，$2x^2 y - e^x \sin y$ 在 R^2 上存在一阶连续偏导数，且

$$\frac{\partial(e^x \cos y + 2xy^2)}{\partial y} = 4xy - e^x \sin y = \frac{\partial(2x^2 y - e^x \sin y)}{\partial x}$$

所以微分形式 $(e^x \cos y + 2xy^2)dx + (2x^2 y - e^x \sin y)dy$ 是一个全微分式. 它的所有原函数是

$$u(x,y) = \int_{(0,0)}^{(x,y)} (e^x \cos y + 2xy^2)dx + (2x^2 y - e^x \sin y)dy + C$$

$$= \int_0^x e^x dx + \int_0^y (2x^2 y - e^x \sin y)dy + C$$

$$= e^x - 1 + x^2 y^2 + e^x \cos y - e^x + C$$

$$= x^2 y^2 + e^x \cos y + C$$

第二种方法：

利用不定积分法求原函数的过程，设

$$du(x,y) = (e^x \cos y + 2xy^2)dx + (2x^2 y - e^x \sin y)dy$$

则

$$\frac{\partial u(x,y)}{\partial x} = e^x \cos y + 2xy^2, \quad \frac{\partial u(x,y)}{\partial y} = 2x^2 y - e^x \sin y$$

由第一式得

$$u(x,y) = e^x \cos y + x^2 y^2 + g(y)$$

所以

$$\frac{\partial u(x,y)}{\partial y} = 2x^2 y - e^x \sin y + g'(y)$$

比较 $\dfrac{\partial u(x,y)}{\partial y}$ 的两个表达式，得 $g'(y) = 0$，即 $g(y) = C$，故

$$u(x,y) = e^x \cos y + x^2 y^2 + g(y) = e^x \cos y + x^2 y^2 + C$$

11.3.3 练习题

习题(基础训练)

1. 设 L 是圆周 $x^2 + y^2 = 2x$，则 $\oint_L -ydx + xdy = $ _____ .

2. 计算 $\oint_L (y-x)\mathrm{d}x + (3x+y)\mathrm{d}y$，其中 L：$(x-1)^2 + (y-4)^2 = 9$，取逆时针方向.

3. $\int_L y\mathrm{d}x + (\sqrt[3]{\sin y} - x)\mathrm{d}y$，其中 L 是依次连接 $A(-1,0)$，$B(2,1)$，$C(1,0)$ 三点的折线段，方向是顺时针方向.

4. $\int_L (\mathrm{e}^x \sin y - my)\mathrm{d}x + (\mathrm{e}^x \cos y - m)\mathrm{d}y$，其中 m 为常数，L 为圆 $x^2 + y^2 = 2ax$ 上从点 $A(2a,0)$ 到点 $O(0,0)$ 的有向上半圆.

5. 计算 $\int_{(0,0)}^{(2,1)} (2x+y)\mathrm{d}x + (x-2y)\mathrm{d}y$.

6. 计算 $\oint_C \dfrac{x\mathrm{d}y - y\mathrm{d}x}{x^2 + y^2}$，(1) C 为以 $(0,0)$ 为心的任何圆周；

(2) C 为任何不含原点的闭曲线.

习题(能力提升)

1. 计算星形线 $\begin{cases} x = a\cos^3 t \\ y = a\sin^3 t \end{cases}$ 围成图形面积 $(0 \leqslant t \leqslant 2\pi)$.

2. 曲线积分 $I = \displaystyle\int_L (\mathrm{e}^y + x)\mathrm{d}x + (x\mathrm{e}^x - 2y)\mathrm{d}y$, L 为过 $(0,0)$, $(0,1)$ 和 $(1,2)$ 点的圆弧.

3. 验证：$(2x + \sin y)\mathrm{d}x + x\cos y\mathrm{d}y$ 是某一函数的全微分，并求出一个原函数.

4．设 $f(x)$ 在 $(-\infty,+\infty)$ 上连续可导，求 $\int_L \dfrac{1+y^2 f(x,y)}{y}\mathrm{d}x + \int_L \dfrac{x}{y^2}[y^2 f(x,y)]\mathrm{d}y$，其中 L 为从点 $A\left(3,\dfrac{2}{3}\right)$ 到 $B(1,2)$ 的直线段．

5．设函数 $f(x,y)$ 在 R^2 内具有一阶连续偏导数，曲线积分 $\int_L 2xy\mathrm{d}x + f(x,y)\mathrm{d}y$ 与路径无关，且对任意的 t 恒有 $\int_{(0,0)}^{(t,1)} 2xy\mathrm{d}x + f(x,y)\mathrm{d}y = \int_{(0,0)}^{(1,t)} 2xy\mathrm{d}x + f(x,y)\mathrm{d}y$，求 $f(x,y)$ 的表达式．

6．已知曲线积分 $\int_L xy^2\mathrm{d}x + yf(x)\mathrm{d}y$ 与路径无关，其中 $f(x)$ 具有一阶连续导数，且 $f(0)=0$．求 $\int_{(0,0)}^{(1,1)} xy^2\mathrm{d}x + yf(x)\mathrm{d}y$ 的值．

11.4　第一类曲面积分

11.4.1　重要知识点

1. 定义

设曲面 Σ 是光滑的，$f(x,y,z)$ 在 Σ 上有界，把 Σ 分成 n 小块 ΔS_i，任取 $(\xi_i,\eta_i,\zeta_i)\in\Delta S_i$，作乘积 $f(\xi_i,\eta_i,\zeta)\cdot\Delta S_i$　$(i=1,2,\cdots\cdots,n)$，再作和

$\sum\limits_{i=1}^{n} f(\xi_i, \eta_i, \zeta_i)\Delta S_i (i=1,2,\cdots,n)$，当各小块曲面直径的最大值 $\lambda \to 0$ 时，这和的极限存在，则称此极限为 $f(x,y,z)$ 在 Σ 上对面积的曲面积分或第一类曲面积分，记 $\iint\limits_{\Sigma} f(x,y,z)\mathrm{d}s$，即

$$\iint\limits_{\Sigma} f(x,y,z)\mathrm{d}s = \lim_{\lambda \to 0} \sum_{i=1}^{n} f(\xi_i, \eta_i, \zeta_i) \cdot \Delta S_i$$

2. 性质

(1) $\oiint\limits_{\Sigma} f(x,y,z)\mathrm{d}s$ 为封闭曲面上的第一类曲面积分；

(2) 当 $f(x,y,z)$ 连续时，$\iint\limits_{\Sigma} f(x,y,z)\mathrm{d}s$ 存在；

(3) 当 $f(x,y,z)$ 为光滑曲面的密度函数时，质量 $M = \iint\limits_{\Sigma} f(x,y,z)\mathrm{d}s$；

(4) $f(x,y,z)=1$ 时，$S = \oiint\limits_{\Sigma} \mathrm{d}s$ 为曲面面积；

(5) 性质同第一类曲线积分 $\Sigma = \Sigma_1 + \Sigma_2$；

(6) 若 Σ 为有向曲面，则 $\iint\limits_{\Sigma} f(x,y,z)\mathrm{d}s$ 与 Σ 的方向无关.

3. 对面积的曲面积分计算方法

定理　设曲面 Σ 的方程 $z=z(x,y)$，Σ 在 xOy 面的投影 D_{xy}，若 $f(x,y,z)$ 在 D_{xy} 上具有一阶连续偏导数，且在 Σ 上连续，则 $\iint\limits_{\Sigma} f(x,y,z)\mathrm{d}s = \iint\limits_{D_{xy}} f(x,y,z(x,y))\sqrt{1+z_x^2+z_y^2}\mathrm{d}x\mathrm{d}y$.

说明　(1) 设 $z=z(x,y)$ 为单值函数；

　　　　(2) 若 Σ：$x=x(y,z)$ 或 $y=y(x,z)$ 可得到相应的计算公式；

　　　　(3) 若 Σ 为平面且与坐标面平行或重合，则 $\iint\limits_{\Sigma} f(x,y,z)\mathrm{d}s = \iint\limits_{D_{xy}} f(x,y,0)\mathrm{d}x\mathrm{d}y$.

11.4.2　典型例题解析

例 11.4.1　计算曲面积分 $I = \oiint\limits_{\Sigma} (a^2x^2 + b^2y^2 + c^2z^2)\mathrm{d}S$，其中 Σ：$x^2+y^2+z^2=R^2$.

分析　根据轮换对称性 $I_0 = \oiint\limits_{\Sigma} x^2\mathrm{d}S = \dfrac{1}{3}\oiint\limits_{\Sigma}(x^2+y^2+z^2)\mathrm{d}S$.

解：根据轮换对称性 $I_0 = \oiint\limits_{\Sigma} x^2\mathrm{d}S = \dfrac{1}{3}\oiint\limits_{\Sigma}(x^2+y^2+z^2)\mathrm{d}S = \dfrac{1}{3}\oiint\limits_{\Sigma} R^2\mathrm{d}S = \dfrac{R^2}{3}4\pi R^2 = \dfrac{4\pi R^4}{3}$

$$I = a^2 I_0 + b^2 I_0 + c^2 I_0 = (a^2+b^2+c^2) \times \dfrac{4}{3}\pi R^4$$

例 11.4.2　计算 $I = \int\limits_{S} x\mathrm{d}S$，其中 S 为柱面 $x^2+y^2=1$ 与平面 $z=0$，$z=x+2$ 所围空间区域的表面.

分析 将积分曲面分成三张曲面

$$S_1: \begin{cases} x^2 + y^2 \leqslant 1, \\ z = 0, \end{cases} \quad S_2: \ z = x + 2, \quad (x,y) \in D = \{(x,y) \big| x^2 + y^2 \leqslant 1\}$$

S_3 为柱面 $x^2 + y^2 = 1$ 介于平面 $z = 0$ 与 $z = x + 2$ 之间的部分,分别积分.

解: 记 $S_1: \begin{cases} x^2 + y^2 \leqslant 1, \\ z = 0, \end{cases} \quad S_2: \ z = x + 2, \quad (x,y) \in D = \{(x,y) \big| x^2 + y^2 \leqslant 1\}$, S_3 为柱面

$x^2 + y^2 = 1$ 介于平面 $z = 0$ 与 $z = x + 2$ 之间的部分. 根据第一型曲面积分的计算公式,得

$$\iint\limits_{S_1} x \mathrm{d}S = \iint\limits_{D} x\sqrt{1 + 0 + 0}\,\mathrm{d}x\mathrm{d}y = 0$$

$$\iint\limits_{S_3} x \mathrm{d}S = \iint\limits_{D} x\sqrt{1 + 1 + 0}\,\mathrm{d}x\mathrm{d}y = 0$$

对于 S_3,由于其方程为 $x^2 + y^2 = 1$,所以不能写成 $z = z(x,y)$ 的形式,故只能考虑其在 xOz 或 yOz 坐标面上的投影. 为了简单起见,考虑 S_3 在 xOz 坐标面上的投影域 $\overline{D}$,根据题中条件易知 $\overline{D} = \{(x,z) \big| {-1} \leqslant x \leqslant 1, 0 \leqslant z \leqslant x + 2\}$,且 S_3 可以分成 S_{31} 与 S_{32} 两部分,其中

$$S_{31}: \ y = \sqrt{1 - x^2}, (x,z) \in \overline{D}; \ S_{32}: \ y = -\sqrt{1 - x^2}, (x,z) \in \overline{D}.$$

因为

$$\iint\limits_{S_{31}} x\mathrm{d}S = \iint\limits_{\overline{D}} x\sqrt{1 + \left(\frac{-x}{\sqrt{1-x^2}}\right) + 0}\,\mathrm{d}x\mathrm{d}z$$

$$= \iint\limits_{\overline{D}} \frac{x}{\sqrt{1-x^2}}\,\mathrm{d}x\mathrm{d}z = \int_{-1}^{1} \mathrm{d}x \int_{0}^{x+2} \frac{x}{\sqrt{1-x^2}}\,\mathrm{d}z$$

$$= \int_{-1}^{1} \frac{(x^2 - 1) + 2x + 1}{\sqrt{1-x^2}}\,\mathrm{d}x$$

$$= -\int_{-1}^{1} \sqrt{1-x^2}\,\mathrm{d}x - 2\sqrt{1-x^2}\,\Big|_{-1}^{1} + \arcsin x\,\Big|_{-1}^{1}$$

$$= -\frac{\pi}{2} + \pi = \frac{\pi}{2}.$$

$$\iint\limits_{S_{32}} x\mathrm{d}S = \iint\limits_{\overline{D}} x\sqrt{1 + \left(\frac{x}{\sqrt{1-x^2}}\right)^2 + 0}\,\mathrm{d}x\mathrm{d}z$$

$$= \iint\limits_{\overline{D}} \frac{x}{\sqrt{1-x^2}}\,\mathrm{d}x\mathrm{d}z = \frac{\pi}{2}$$

所以

$$\iint\limits_{S_3} x\mathrm{d}S = \iint\limits_{S_{31}} x\mathrm{d}S + \iint\limits_{S_{32}} x\mathrm{d}S = \pi$$

从而

$$I = \iint\limits_{S} x\mathrm{d}S = \iint\limits_{S_1} x\mathrm{d}S + \iint\limits_{S_2} x\mathrm{d}S + \iint\limits_{S_3} x\mathrm{d}S = \pi$$

例 11.4.3　计算 $\iint\limits_{S} f(x,y,z)\mathrm{d}S$，其中 S 为球面 $x^2+y^2+z^2=a^2$，

$$f(x,y,z)=\begin{cases} 0, z<\sqrt{x^2+y^2} \\ x^2+y^2, z\geqslant\sqrt{x^2+y^2} \end{cases}.$$

分析　考察转换成参数方程解题.

解：第一种方法：

记 S_1 为球面 $x^2+y^2+z^2=a^2$ 在锥面 $z=\sqrt{x^2+y^2}$ 内的部分，则 S_1 的参数方程为

$$\begin{cases} x=a\sin\varphi\cos\theta, \\ y=a\sin\varphi\sin\theta,\ 0\leqslant\varphi\leqslant\dfrac{\pi}{4},0\leqslant\theta\leqslant2\pi \\ z=a\cos\varphi, \end{cases}$$

所以

$$\begin{aligned} \iint\limits_{S} f(x,y,z)\mathrm{d}S &= \iint\limits_{S_1}(x^2+y^2)\mathrm{d}S \\ &= \int_0^{\frac{\pi}{4}}\mathrm{d}\varphi\int_0^{2\pi}a^2\sin^2\varphi\, a^2\sin\varphi\mathrm{d}\theta \\ &= 2\pi a^4\int_0^{\frac{\pi}{4}}\sin^2\varphi\sin\varphi\mathrm{d}\varphi \\ &= 2\pi a^4\left(\frac{2}{3}-\frac{5\sqrt{2}}{12}\right). \end{aligned}$$

第二种方法：

在直角坐标下的计算如下：

$$\begin{aligned} \iint\limits_{S} f(x,y,z)\mathrm{d}S &= \iint\limits_{S_1}(x^2+y^2)\mathrm{d}S \\ &= \iint\limits_{x^2+y^2\leqslant\frac{1}{2}a^2}(x^2+y^2)\sqrt{1+\left(\frac{-x}{\sqrt{a^2-x^2-y^2}}\right)^2+\left(\frac{-y}{\sqrt{a^2-x^2-y^2}}\right)^2}\,\mathrm{d}x\mathrm{d}y \\ &= a\iint\limits_{x^2+y^2\leqslant\frac{1}{2}a^2}\frac{x^2+y^2}{\sqrt{a^2-x^2-y^2}}\mathrm{d}x\mathrm{d}y \\ &= a\int_0^{2\pi}\mathrm{d}\theta\int_0^{\frac{a}{\sqrt{2}}}\frac{r^2}{\sqrt{a^2-r^2}}r\mathrm{d}r \\ &= 2\pi a^4\left(\frac{2}{3}-\frac{5\sqrt{2}}{12}\right). \end{aligned}$$

例 11.4.4　计算 $I=\iint\limits_{S}[(z^n-y^n)\cos\alpha+(x^n-z^n)\cos\beta+(y^n-x^n)\cos\gamma]\mathrm{d}S$，其中

$S:\begin{cases} x^2+y^2+z^2=R^2 \\ z\geqslant0 \end{cases}$，$n=(\cos\alpha,\cos\beta,\cos\gamma)$ 是 S 向上的法向量.

分析　用定义解题.

解： 由于 $v = \dfrac{1}{R}(x, y, z)$，所以

$$I = \iint\limits_{S}\left[(z^n - y^n)\frac{x}{R} + (x^n - z^n)\frac{y}{R} + (y^n - x^n)\frac{z}{R}\right]\mathrm{d}S .$$

根据曲面 S 关于坐标面的对称性，得

$$I = \iint\limits_{S}\left[(z^n - y^n)\frac{x}{R} + (x^n - z^n)\frac{y}{R}\right]\mathrm{d}S = 0 ,$$

同样的理由，得

$$\iint\limits_{S} y^n z\mathrm{d}S = \iint\limits_{S} x^n z\mathrm{d}S$$

因此 $I = 0$.

11.4.3 练习题

习题(基础训练)

1. 计算曲面积分 $\oiint\limits_{\Sigma} x^2\mathrm{d}S$，其中 Σ：$x^2 + y^2 + z^2 = R^2$.

2. 计算 $I = \iint\limits_{\Sigma}(x^2 + y^2)\mathrm{d}s$，(1) Σ 为立体 $\sqrt{x^2 + y^2} \leqslant z \leqslant 1$ 的边界，(2) yOz 面上的直线段 $\begin{cases} z = y \\ x = 0 \end{cases}$ $(0 \leqslant z \leqslant 1)$ 绕 z 轴旋转一周所得到的旋转曲面.

3. 计算 $\iint\limits_{\Sigma}\dfrac{\mathrm{d}s}{(1 + x + y)^2}$，$\Sigma$ 是 $x + y + z \leqslant 1$，$x \geqslant 0$，$y \geqslant 0$，$z \geqslant 0$ 所围立体的边界.

4．计算 $I = \iint\limits_{S}(x + y + z + a)^2 \mathrm{d}S$，其中 S 为球面 $(x-a)^2 + (y-a)^2 + (z-a)^2 = a^2$．

习题(能力提升)

1．计算曲面积分　$\oiint\limits_{\Sigma}\left(\dfrac{x^2}{3} + y\right)\mathrm{d}S$　其中 Σ：$x^2 + y^2 + z^2 = R^2$．

2．计算 $\iint\limits_{\Sigma}|xyz|\mathrm{d}S$，　Σ 为 $x^2 + y^2 = z^2$ 被平面 $z = 1$ 所割的部分．

3．计算 $I = \iint\limits_{S}xyz(y^2z^2 + z^2x^2 + x^2y^2)\mathrm{d}S$，其中 S 是球面 $x^2 + y^2 + z^2 = a^2$ 在第一卦限中的部分．

11.5　第二类曲面积分

11.5.1　重要知识点

1. 有向曲面

侧：设曲面 $z = z(x, y)$，若取法向量朝上(n 与 z 轴正向的夹角为锐角)，则曲面取定上侧，否则为下侧；对曲面 $x = x(y, z)$，若 n 的方向与 x 正向夹角为锐角，取定曲面的前侧，否则为后侧，对曲面 $y = y(x, z)$，n 的方向与 y 正向夹角为锐角取定曲面为右侧，否则为左侧；若曲面为闭曲面，则取法向量的指向朝外，则此时取定曲面的外侧，否则为内侧，取定了法向量即选定了曲面的侧，这种曲面称为有向曲面.

2. 有向曲面在各坐标面上的投影

设 Σ 是有向曲面，在 Σ 上取一小块曲面 ΔS，把 ΔS 投影到 xOy 坐标面上，得一投影域 $\Delta\sigma_{xy}$(表示区域，又表示面积)，假定 ΔS 上任一点的法向量与 z 轴夹角 γ 的余弦同号，则规定投影 ΔS_{xy} 为 $\Delta S_{xy} = \begin{cases} \Delta\sigma_{xy} & \cos\gamma > 0 \\ -\Delta\sigma_{xy} & \cos\gamma < 0 \\ 0 & \cos\gamma = 0 \end{cases}$ 实质将投影面积附以一定的符号，同理可以定义 ΔS 在 yOz 坐标面，zOx 坐标面上的投影 ΔS_{yz}，ΔS_{zx}.

3. 定义

设 Σ 为光滑的有向曲面，$R(x, y, z)$ 在 Σ 上有界，把 Σ 分成 n 块 ΔS_i，ΔS_i 在 xOy 坐标面上投影 $(\Delta S_i)_{xy}$，(ξ_i, η_i, ζ_i) 是 ΔS_i 上任一点，若 $\lambda \to 0$，$\lim\limits_{\lambda \to 0} \sum\limits_{i=1}^{n} R(\xi_i, \eta_i, \zeta_i)(\Delta S_i)_{xy}$ 存在，称此极限值为 $R(x, y, z)$ 在 Σ 上对坐标 x, y 的曲面积分，或 $R(x, y, z)\mathrm{d}x\mathrm{d}y$ 在曲面 Σ 上的第二类曲面积分，记为 $\iint\limits_{\Sigma} R(x, y, z)\mathrm{d}x\mathrm{d}y$. 类似 P, Q 对 yOz 坐标面，zOx 坐标面上的曲面积分分别为

$$\iint\limits_{\Sigma} P\mathrm{d}y\mathrm{d}z = \lim_{\lambda \to 0} \sum_{i=1}^{n} R(\xi_i, \eta_i, \zeta_i)(\Delta S_i)_{yz} \ ;$$

$$\iint\limits_{\Sigma} Q\mathrm{d}z\mathrm{d}x = \lim_{\lambda \to 0} \sum_{i=1}^{n} Q(\xi_i, \eta_i, \zeta_i)(\Delta S_i)_{zx} \ .$$

4. 性质

(1) Σ 有向，且光滑；

(2) P, Q, R 在 Σ 上连续，即存在相应的曲面积分；

(3) $\iint\limits_{\Sigma} P\mathrm{d}y\mathrm{d}z + \iint\limits_{\Sigma} Q\mathrm{d}z\mathrm{d}x + \iint\limits_{\Sigma} R\mathrm{d}x\mathrm{d}y = \iint\limits_{\Sigma} P\mathrm{d}y\mathrm{d}z + Q\mathrm{d}z\mathrm{d}x + R\mathrm{d}x\mathrm{d}y$；

(4) 稳定流动的不可压缩流体，流向 Σ 指定侧的流量 $\Phi = \iint\limits_{\Sigma} P\mathrm{d}y\mathrm{d}z + Q\mathrm{d}z\mathrm{d}x + R\mathrm{d}x\mathrm{d}y$；

(5) 若 $\Sigma = \Sigma_1 + \Sigma_2$，则 $\iint\limits_{\Sigma} P\mathrm{d}y\mathrm{d}z = \iint\limits_{\Sigma_1} P\mathrm{d}y\mathrm{d}z + \iint\limits_{\Sigma_2} P\mathrm{d}y\mathrm{d}z$；

(6) 设 Σ 为有向曲面，$-\Sigma$ 表示与 Σ 相反的侧，则
$$\iint\limits_{-\Sigma} P\mathrm{d}y\mathrm{d}z = -\iint\limits_{\Sigma} P\mathrm{d}y\mathrm{d}z；$$
$$\iint\limits_{-\Sigma} Q\mathrm{d}z\mathrm{d}x = -\iint\limits_{\Sigma} Q\mathrm{d}z\mathrm{d}x；$$
$$\iint\limits_{-\Sigma} R\mathrm{d}x\mathrm{d}y = -\iint\limits_{\Sigma} R\mathrm{d}x\mathrm{d}y．$$

5．计算

定理　设 Σ 由 $z = z(x,y)$ 给出的曲面的上侧，Σ 在 xOy 坐标面上的投影为 D_{xy}，$z = z(x,y)$ 在 D_{xy} 内具有一阶连续偏导数，R 在 Σ 上连续，则 $\iint\limits_{\Sigma} R\mathrm{d}x\mathrm{d}y = \iint\limits_{D_{xy}} R[x,y,z(x,y)]\mathrm{d}x\mathrm{d}y$．

说明　(1) 将 z 用 $z = z(x,y)$ 代替，将 Σ 投影到 xOy 坐标面上，再定向，则
$$\iint\limits_{\Sigma} R\mathrm{d}x\mathrm{d}y = \pm\iint\limits_{D_{xy}} R[x,y,z(x,y)]\mathrm{d}x\mathrm{d}y$$

(2) 若 Σ：$z = z(x,y)$ 取下侧，则 $\cos\gamma < 0$，$(\Delta S_i)_{xy} = -(\Delta\sigma_i)_{xy}$，所以
$$\iint\limits_{\Sigma} R[x,y,z(x,y)]\mathrm{d}x\mathrm{d}y = -\iint\limits_{D_{xy}} R[x,y,z(x,y)]\mathrm{d}x\mathrm{d}y$$

(3) $\iint\limits_{\Sigma} P\mathrm{d}y\mathrm{d}z$，$\iint\limits_{\Sigma} Q\mathrm{d}z\mathrm{d}x$ 与此类似：

Σ：$y = y(x,z)$ 时，右侧为正，左侧为负

Σ：$x = x(y,z)$ 时，前侧为正，后侧为负

6．两类曲面积分间的关系
$$\iint\limits_{\Sigma} P\mathrm{d}y\mathrm{d}z + Q\mathrm{d}z\mathrm{d}x + R\mathrm{d}x\mathrm{d}y = \iint\limits_{\Sigma}[P\cos\alpha + Q\cos\beta + R\cos\gamma]\mathrm{d}s$$

$(\cos\alpha, \cos\beta, \cos\gamma)$ 为 Σ 在点 (x,y,z) 处的法向量的方向余弦．

11.5.2　典型例题解析

例 11.5.1　设 Σ 是圆 $x^2 + y^2 + z^2 = R^2$ 的外侧，则曲面积分
$$\oiint\limits_{\Sigma}(x + y^2 + z^3)\mathrm{d}z\mathrm{d}y = \underline{\hspace{3cm}}．$$

分析　用对称性解题，圆 $x^2 + y^2 + z^2 = R^2$ 关于 x，y，z 轴都是对称的．

解：由于圆 $x^2 + y^2 + z^2 = R^2$ 关于 x，y，z 轴都是对称的，因此

$$\oiint\limits_{\Sigma} x\mathrm{d}z\mathrm{d}y = 2\oiint\limits_{\Sigma_1} x\mathrm{d}z\mathrm{d}y \ , \quad \oiint\limits_{\Sigma} y^2 \mathrm{d}z\mathrm{d}y = 0 \ , \quad \oiint\limits_{\Sigma} z^3 \mathrm{d}z\mathrm{d}y = 0 \ .$$

其中 Σ_1 是 Σ 在 $x \geqslant 0$ 的部分，则

$$\oiint\limits_{\Sigma} (x + y^2 + z^3)\mathrm{d}z\mathrm{d}y = 2\oiint\limits_{\Sigma_1} x\mathrm{d}z\mathrm{d}y = 2\iint\limits_{\substack{y^2+z^2 \leqslant R^2 \\ x \geqslant 0}} \sqrt{R^2 - y^2 - z^2}\,\mathrm{d}z\mathrm{d}y$$

$$= 2\int_0^{2\pi} \mathrm{d}\theta \int_0^R \sqrt{R^2 - r^2}\,r\mathrm{d}r = \frac{4}{3}\pi R^3 \ .$$

例 11.5.2 计算曲面积分 $I = \iint\limits_S \dfrac{x\mathrm{d}y\mathrm{d}z + z^2\mathrm{d}x\mathrm{d}y}{x^2 + y^2 + z^2}$，其中 S 是由 $x^2 + y^2 = R^2$ 及 $z = R$，

$z = -R \ (R > 0)$ 围成的圆柱体的表面，外侧为正.

解： 记 S_1：$z = R, (x, y) \in D_1 = \{(x, y) \mid x^2 + y^2 \leqslant R^2\}$，方向向上；

S_2：$z = -R, (x, y) \in D_1$，方向向下；

S_3：$y = \sqrt{R^2 - x^2}, (x, z) \in D_2 = \{(x, z) \mid -R \leqslant x \leqslant R, -R \leqslant z \leqslant R\}$，方向向右；

S_4：$y = -\sqrt{R^2 - x^2}, (x, z) \in D_2$，方向向左.

则

$$I = \iint\limits_S \frac{x\mathrm{d}y\mathrm{d}z + z^2\mathrm{d}x\mathrm{d}y}{x^2 + y^2 + z^2}$$

$$= \iint\limits_{S_1} \frac{x\mathrm{d}y\mathrm{d}z + z^2\mathrm{d}x\mathrm{d}y}{x^2 + y^2 + z^2} + \iint\limits_{S_2} \frac{x\mathrm{d}y\mathrm{d}z + z^2\mathrm{d}x\mathrm{d}y}{x^2 + y^2 + z^2}$$

$$+ \iint\limits_{S_3} \frac{x\mathrm{d}y\mathrm{d}z + z^2\mathrm{d}x\mathrm{d}y}{x^2 + y^2 + z^2} + \iint\limits_{S_4} \frac{x\mathrm{d}y\mathrm{d}z + z^2\mathrm{d}x\mathrm{d}y}{x^2 + y^2 + z^2}$$

$$= \iint\limits_{D_1} \frac{R^2}{x^2 + y^2 + R^2}\,\mathrm{d}x\mathrm{d}y - \iint\limits_{D_1} \frac{R^2}{x^2 + y^2 + R^2}\,\mathrm{d}x\mathrm{d}y$$

$$+ \iint\limits_{D_2} \frac{x}{\sqrt{R^2 - x^2}}\frac{x}{R^2 + z^2}\,\mathrm{d}x\mathrm{d}z - \iint\limits_{D_2} \frac{-x}{\sqrt{R^2 - x^2}}\frac{x}{R^2 + z^2}\,\mathrm{d}x\mathrm{d}z$$

$$= 2\iint\limits_{D_2} \frac{x^2}{(R^2 + z^2)\sqrt{R^2 - x^2}}\,\mathrm{d}x\mathrm{d}z$$

$$= 2\int_{-R}^{R} \frac{\mathrm{d}z}{R^2 + z^2} \int_{-R}^{R} \frac{x^2}{\sqrt{R^2 - x^2}}\,\mathrm{d}x$$

$$= \frac{\pi}{R}\left(\int_{-R}^{R} \frac{R^2}{\sqrt{R^2 - x^2}}\,\mathrm{d}x - \int_{-R}^{R} \sqrt{R^2 - x^2}\,\mathrm{d}x \right)$$

$$= \frac{\pi}{R}\left(\pi R^2 - \frac{1}{2}\pi R^2 \right) = \frac{1}{2}\pi^2 R$$

例 11.5.3 计算曲面积分 $I = \iint\limits_S x\mathrm{d}y\mathrm{d}z + y\mathrm{d}z\mathrm{d}x + z\mathrm{d}x\mathrm{d}y$，其中 S 为旋转抛物面

$z = x^2 + y^2$ 介于 $z = 0$ 和 $z = 1$ 之间的部分，上侧为正.

解：第一种解法：

记 $D = \{(x,y)\big| x^2 + y^2 \leqslant 1\}$，则

$$
\begin{aligned}
I &= \iint\limits_S x\mathrm{d}y\mathrm{d}z + y\mathrm{d}z\mathrm{d}x + z\mathrm{d}x\mathrm{d}y \\
&= \iint\limits_D [x(-2x) + y(-2y) + (x^2 + y^2)]\mathrm{d}x\mathrm{d}y \\
&= -\iint\limits_D (x^2 + y^2)\mathrm{d}x\mathrm{d}y \\
&= -\int_0^{2\pi} \mathrm{d}\theta \int_0^1 r^2 r\mathrm{d}r \\
&= -\frac{1}{2}\pi
\end{aligned}
$$

第二种解法：

设 D_1, D_2, D_3 分别是曲面 S 在三个坐标面 xOy, yOz 和 xOz 上的投影区域，则

$$
\begin{aligned}
D_1 &= \{(x,y)\big| x^2 + y^2 \leqslant 1\}, \\
D_2 &= \{(y,z)\big| {-1} \leqslant y \leqslant 1, y^2 \leqslant z \leqslant 1\}, \\
D_3 &= \{(x,z)\big| {-1} \leqslant x \leqslant 1, x^2 \leqslant z \leqslant 1\},
\end{aligned}
$$

所以

$$
\begin{aligned}
I &= \iint\limits_S x\mathrm{d}y\mathrm{d}z + y\mathrm{d}z\mathrm{d}x + z\mathrm{d}x\mathrm{d}y \\
&= -\iint\limits_{D_2} \sqrt{z - y^2}\,\mathrm{d}y\mathrm{d}z + \iint\limits_{D_2} (-\sqrt{z - y^2})\mathrm{d}y\mathrm{d}z - \iint\limits_{D_3} \sqrt{z - x^2}\,\mathrm{d}x\mathrm{d}z \\
&\quad + \iint\limits_{D_3} (-\sqrt{z - x^2})\mathrm{d}x\mathrm{d}z + \iint\limits_{D_1} (x^2 + y^2)\mathrm{d}x\mathrm{d}y \\
&= -4\iint\limits_{D_2} \sqrt{z - y^2}\,\mathrm{d}y\mathrm{d}z + \int_0^{2\pi} \mathrm{d}\theta \int_0^1 r^2 r\mathrm{d}r \\
&= -4\int_{-1}^1 \mathrm{d}y \int_{y^2}^1 \sqrt{z - y^2}\,\mathrm{d}z + \frac{1}{2}\pi \\
&= -\frac{8}{3}\int_{-1}^1 (1 - y^2)^{\frac{3}{2}}\mathrm{d}y + \frac{1}{2}\pi \\
&= -\frac{16}{3}\int_0^{\frac{\pi}{2}} \cos^4 t\,\mathrm{d}t + \frac{1}{2}\pi = -\frac{16}{3} \times \frac{3}{4} \times \frac{1}{2} \times \frac{\pi}{2} + \frac{1}{2}\pi = -\frac{1}{2}\pi
\end{aligned}
$$

第三种解法：

取 S_1：$\begin{cases} z = 1 \\ x^2 + y^2 \leqslant 1 \end{cases}$，下侧为正，$\Omega$ 是由 S 和 S_1 围成的区域，根据高斯公式得

$$I = \iint\limits_{S+S_1} x\mathrm{d}y\mathrm{d}z + y\mathrm{d}z\mathrm{d}x + z\mathrm{d}x\mathrm{d}y - \iint\limits_{S_1} x\mathrm{d}y\mathrm{d}z + y\mathrm{d}z\mathrm{d}x + z\mathrm{d}x\mathrm{d}y$$

$$= -\iiint\limits_{\Omega}(1+1+1)\mathrm{d}V - (-1)\iint\limits_{x^2+y^2\leqslant 1}\mathrm{d}x\mathrm{d}y$$

$$= -3\int_0^{2\pi}\mathrm{d}\theta\int_0^1 r\mathrm{d}r\int_{r^2}^1\mathrm{d}z + \pi$$

$$= -\frac{3}{2}\pi + \pi = -\frac{1}{2}\pi$$

11.5.3　练习题

习题(基础训练)

1. 已知 $I = \oiint\limits_{\Sigma} z\mathrm{d}x\mathrm{d}y$，其中 Σ 是锥面 $z = \sqrt{x^2 + y^2}$ 和 $z = 10$ 围成的整个立体的表面内侧，求 $I =$ _____．

2. 计算 $\iint\limits_{\Sigma} x\mathrm{d}y\mathrm{d}z + y\mathrm{d}x\mathrm{d}z + z\mathrm{d}x\mathrm{d}y$，$\Sigma$ 为 $x^2 + y^2 + z^2 = a^2$，$z \geqslant 0$ 的上侧．

3. 计算 $\iint\limits_{\Sigma}(z^2 + x)\mathrm{d}y\mathrm{d}z - z\mathrm{d}x\mathrm{d}y$，$\Sigma$ 是 $z = \frac{1}{2}(x^2 + y^2)$ 介于 $z = 0$ 和 $z = 2$ 之间部分的下侧．

习题(能力提升)

1. $\iint\limits_{\Sigma} z\mathrm{d}x\mathrm{d}y + x\mathrm{d}y\mathrm{d}z + y\mathrm{d}z\mathrm{d}x$，其中 Σ 是柱面 $x^2 + y^2 = 1$ 被平面 $z = 0$ 及 $z = 3$ 所截得的在第一卦限内的部分的前侧.

2. $\oiint\limits_{\Sigma} x(y-z)\mathrm{d}y\mathrm{d}z + (z-x)\mathrm{d}z\mathrm{d}x + (x-y)\mathrm{d}x\mathrm{d}y$，$\Sigma$ 为由 $z^2 = x^2 + y^2$ 与 $z = h$ 所围成的立体的外侧 $(h > 0)$.

11.6　高斯公式与斯托克斯公式

11.6.1　重要知识点

1. 定理

设空间闭区域 Ω 是由分片光滑的闭曲面 Σ 所围成，函数 $P(x, y, z)$，$Q(x, y, z)$，在 Ω 上具有一阶连续偏导数，则

$$\iiint\limits_{\Omega}\left(\frac{\partial P}{\partial x} + \frac{\partial Q}{\partial y} + \frac{\partial R}{\partial z}\right)\mathrm{d}v = \oiint\limits_{\Sigma} P\mathrm{d}y\mathrm{d}z + Q\mathrm{d}z\mathrm{d}x + R\mathrm{d}x\mathrm{d}y$$

$$= \oiint\limits_{\Sigma}(P\cos\alpha + Q\cos\beta + R\cos\gamma)\mathrm{d}s$$

其中 Σ 是 Ω 的整个边界曲面的外侧，$\cos\alpha, \cos\beta, \cos\gamma$ 是 Σ 上点 (x, y, z) 处的法向量的方向余弦，称之为高斯公式.

2. 通量与散度

高斯公式：$\iiint\limits_{\Omega}\left(\frac{\partial P}{\partial x} + \frac{\partial Q}{\partial y} + \frac{\partial R}{\partial z}\right)\mathrm{d}V = \oiint\limits_{\Sigma外} P\mathrm{d}y\mathrm{d}z + Q\mathrm{d}z\mathrm{d}x + R\mathrm{d}x\mathrm{d}y.$

右端物理意义：为单位时间内(流体经过流向指定侧的流体的质量)离开闭域 Ω 的流体的总质量.

因为流体不可压缩且流动是稳定的，有流体离开 Ω 的同时，Ω 内部必须有产生流体的"源头"产生同样多的流体来进行补充，故左端可解释为分布在 Ω 内的源头在单位时间内所产生的流体的总质量.

高斯公式可用向量形式表示：$\iiint\limits_{\Omega}\left(\dfrac{\partial P}{\partial x}+\dfrac{\partial Q}{\partial y}+\dfrac{\partial R}{\partial z}\right)\mathrm{d}V=\oiint\limits_{\Sigma}\boldsymbol{v}\cdot\boldsymbol{n}\mathrm{d}s=\oiint\limits_{\Sigma}v_n\mathrm{d}s.$

同除闭区域 Ω 的体积：$\dfrac{1}{V}\iiint\limits_{\Omega}\left(\dfrac{\partial P}{\partial x}+\dfrac{\partial Q}{\partial y}+\dfrac{\partial R}{\partial z}\right)\mathrm{d}V=\dfrac{1}{V}\oiint\limits_{\Sigma}v_n\mathrm{d}s.$

左端为 Ω 内的源头在单位时间、单位体积内所产生流体质量的平均值，应用中值定理得：$\left(\dfrac{\partial P}{\partial x}+\dfrac{\partial Q}{\partial y}+\dfrac{\partial R}{\partial z}\right)\bigg|_{(\xi,\eta,\zeta)}=\dfrac{1}{V}\oiint\limits_{\Sigma}v_n\mathrm{d}s,(\xi,\eta,\zeta)\in\Omega$，令 Ω 缩为一点 $M(x,y,z)$ 取极限得

$\dfrac{\partial P}{\partial x}+\dfrac{\partial Q}{\partial y}+\dfrac{\partial R}{\partial z}=\lim\limits_{\Omega\to M}\dfrac{1}{V}\oiint\limits_{\Sigma}v_n\mathrm{d}s$，称 $\dfrac{\partial P}{\partial x}+\dfrac{\partial Q}{\partial y}+\dfrac{\partial R}{\partial z}$ 为 $\boldsymbol{v}$ 在点 M 的散度，记 $\mathrm{div}\boldsymbol{v}$，即

$$\mathrm{div}\boldsymbol{v}=\frac{\partial P}{\partial x}+\frac{\partial Q}{\partial y}+\frac{\partial R}{\partial z}$$

散度 $\mathrm{div}\boldsymbol{v}$ 可看成稳定流动的不可压缩流体在点 M 的源头强度——单位时间内、单位体积所产生的流质的质量. 如果 $\mathrm{div}\boldsymbol{v}$ 为负时，表示点 M 处流体在消失.

一般若向量场 $\boldsymbol{A}(x,y,z)=P(x,y,z)\boldsymbol{i}+Q(x,y,z)\boldsymbol{j}+R(x,y,z)\boldsymbol{k}$，$P$，$Q$，$R$ 有一阶连续偏导数，Σ 为场内一片有向曲面，$\boldsymbol{n}$ 为 Σ 上点 (x,y,z) 处的单位法向量，则 $\oiint\limits_{\Sigma}\boldsymbol{A}\cdot\boldsymbol{n}\mathrm{d}s$ 称为向量场 $\boldsymbol{A}$ 通过曲面 Σ 向着指定侧的通量(流量)，而 $\dfrac{\partial P}{\partial x}+\dfrac{\partial Q}{\partial y}+\dfrac{\partial R}{\partial z}$ 叫作向量场 $\boldsymbol{A}$ 的散度，即

$$\mathrm{div}\boldsymbol{A}=\frac{\partial P}{\partial x}+\frac{\partial Q}{\partial y}+\frac{\partial R}{\partial z}$$

高斯公式又一形式 $\iiint\limits_{\Omega}\mathrm{div}\boldsymbol{A}\mathrm{d}v=\iint\limits_{\Sigma}A_n\mathrm{d}s$，$\Sigma$ 为 Ω 的边界曲面，则

$$A_n=\boldsymbol{An}=P\cos\alpha+Q\cos\beta+R\cos\gamma$$

是向量 $\boldsymbol{A}$ 在曲面 Σ 的外侧法向量上的投影.

3．斯托克斯公式

定理 设 Γ 为分段光滑的空间有向闭曲线，Σ 是以 Γ 为边界的分片光滑的有向曲面，Γ 的正向与的 Σ 侧符合右手规则，P，Q，R 在包含曲面 Σ 在内的一个空间区域内具有一阶连续偏导数，则有

$$\iint\limits_{\Sigma}\left(\frac{\partial R}{\partial y}-\frac{\partial Q}{\partial z}\right)\mathrm{d}y\mathrm{d}z+\left(\frac{\partial P}{\partial z}-\frac{\partial R}{\partial x}\right)\mathrm{d}z\mathrm{d}x+\left(\frac{\partial Q}{\partial x}-\frac{\partial P}{\partial y}\right)\mathrm{d}x\mathrm{d}y=\oint\limits_{\Gamma}P\mathrm{d}x+Q\mathrm{d}y+R\mathrm{d}z$$

说明:

(1) 为便于记忆 $\iint\limits_{\Sigma}\begin{vmatrix} \mathrm{d}y\mathrm{d}z & \mathrm{d}z\mathrm{d}x & \mathrm{d}x\mathrm{d}y \\ \dfrac{\partial}{\partial x} & \dfrac{\partial}{\partial y} & \dfrac{\partial}{\partial z} \\ P & Q & R \end{vmatrix}\mathrm{d}S = \oint\limits_{L} P\mathrm{d}x + Q\mathrm{d}y + R\mathrm{d}z$;

(2) 两类曲面间关系, Stokes 公式另一形式

$$\iint\limits_{\Sigma}\begin{vmatrix} \cos\alpha & \cos\beta & \cos\gamma \\ \dfrac{\partial}{\partial x} & -\dfrac{\partial}{\partial y} & \dfrac{\partial}{\partial z} \\ P & Q & R \end{vmatrix}\mathrm{d}S = \oint\limits_{\Gamma} P\mathrm{d}x + Q\mathrm{d}y + R\mathrm{d}z ,\quad n = (\cos\alpha,\cos\beta,\cos\gamma) \text{ 为 } \Sigma \text{ 的单位法}$$

向量;

(3) 若 Σ 是 xOy 面上的一块闭区域, 则 Stokes 公式变为 Green 公式, 即 Green 公式为 Stokes 公式的特例.

4. 环流量与旋度

设 $A(x,y,z) = P(x,y,z)\boldsymbol{i} + Q(x,y,z)\boldsymbol{j} + R(x,y,z)\boldsymbol{k}$, 则向量

$$\left\{\left(\frac{\partial R}{\partial y} - \frac{\partial Q}{\partial z}\right),\left(\frac{\partial P}{\partial z} - \frac{\partial R}{\partial x}\right),\left(\frac{\partial Q}{\partial x} - \frac{\partial P}{\partial y}\right)\right\}$$

称为向量场 A 的旋度, 记 rot$A$

$$\text{rot}A = \left(\frac{\partial R}{\partial y} - \frac{\partial Q}{\partial z}\right)\boldsymbol{i} + \left(\frac{\partial P}{\partial z} - \frac{\partial R}{\partial x}\right)\boldsymbol{j} + \left(\frac{\partial Q}{\partial x} - \frac{\partial P}{\partial y}\right)\boldsymbol{k} .$$

Stokes 公式的向量形式 $\iint\limits_{\Sigma}\text{rot}A \cdot \boldsymbol{n}\mathrm{d}S = \oint\limits_{\Gamma} A \cdot \boldsymbol{t}\mathrm{d}s, \boldsymbol{n} = \{\cos\alpha,\cos\beta,\cos\gamma\}$ 为 Σ 的法向量, $\boldsymbol{t} = \{\cos\lambda,\cos\mu,\cos\gamma\}$ 为 Γ 的切向量, 或 $\iint\limits_{\Sigma}(\text{rot}A)_n \, \mathrm{d}s = \oint\limits_{\Gamma} A_t\mathrm{d}s$, $\oint\limits_{\Gamma} P\mathrm{d}x + Q\mathrm{d}y + R\mathrm{d}z = \oint\limits_{\Gamma} A_t\mathrm{d}s$

称为向量场 A 沿有向闭曲线 Γ 的环流量.

11.6.2　典型例题解析

例 11.6.1　计算 $I = \iint\limits_{\Sigma} x^3\mathrm{d}y\mathrm{d}z + x^2 y\mathrm{d}z\mathrm{d}x + x^2 z\mathrm{d}x\mathrm{d}y$, 其中 Σ 为柱体, $0 \leqslant z \leqslant b$, $x^2 + y^2 \leqslant a^2$ 的边界外表面.

分析　积分曲面封闭, 考察用高斯公式.

解: 依题可设柱体 Ω: $0 \leqslant z \leqslant b$, $x^2 + y^2 \leqslant a^2$, $P = x^3$, $Q = x^2 y$, $R = x^2 z$.

由高斯公式，并利用柱面坐标计算可得

$$I = \iint\limits_{\Sigma} x^3 \mathrm{d}y\mathrm{d}z + x^2 y\mathrm{d}z\mathrm{d}x + x^2 z\mathrm{d}x\mathrm{d}y$$

$$= \iiint\limits_{\Omega} (3x^2 + x^2 + x^2)\mathrm{d}V = 5\iiint\limits_{\Omega} x^2 \mathrm{d}x\mathrm{d}y\mathrm{d}z$$

$$= 5\int_0^b \mathrm{d}z \int_0^{2\pi} \mathrm{d}\theta \int_0^a r^2 \cos^2\theta\, r\mathrm{d}r = \frac{5}{4}\pi a^4 b.$$

例 11.6.2 计算曲面积分

$$I = \iint\limits_{\Sigma} 2x^3 \mathrm{d}y\mathrm{d}z + 2y^3 \mathrm{d}z\mathrm{d}x + 3(z^2 - 1)\mathrm{d}x\mathrm{d}y$$

其中 Σ 是曲面 $z = 1 - x^2 - y^2 (z \geqslant 0)$ 的上侧.

分析 先添加一曲面使之与原曲面围成一封闭曲面，应用高斯公式求解，而在添加的曲面上应用直接投影法求解即可.

解： 取 Σ_1 为 xOy 平面上被圆 $x^2 + y^2 = 1$ 所围部分的下侧，记 Ω 为由 Σ 与 Σ_1 围成的空间闭区域，则

$$I = \iint\limits_{\Sigma + \Sigma_1} 2x^3 \mathrm{d}y\mathrm{d}z + 2y^3 \mathrm{d}z\mathrm{d}x + 3(z^2 - 1)\mathrm{d}x\mathrm{d}y$$

$$-\iint\limits_{\Sigma_1} 2x^3 \mathrm{d}y\mathrm{d}z + 2y^3 \mathrm{d}z\mathrm{d}x + 3(z^2 - 1)\mathrm{d}x\mathrm{d}y.$$

由高斯公式知

$$\iint\limits_{\Sigma + \Sigma_1} 2x^3 \mathrm{d}y\mathrm{d}z + 2y^3 \mathrm{d}z\mathrm{d}x + 3(z^2 - 1)\mathrm{d}x\mathrm{d}y = \iiint\limits_{\Omega} 6(x^2 + y^2 + z)\mathrm{d}x\mathrm{d}y\mathrm{d}z$$

$$= 6\int_0^{2\pi} \mathrm{d}\theta \int_0^1 \mathrm{d}r \int_0^{1-r^2} (z + r^2)r\mathrm{d}z$$

$$= 12\pi \int_0^1 \left[\frac{1}{2}r(1 - r^2)^2 + r^3(1 - r^2) \right] \mathrm{d}r = 2\pi.$$

而

$$\iint\limits_{\Sigma_1} 2x^3 \mathrm{d}y\mathrm{d}z + 2y^3 \mathrm{d}z\mathrm{d}x + 3(z^2 - 1)\mathrm{d}x\mathrm{d}y = -\iint\limits_{x^2 + y^2 \leqslant 1} -3\mathrm{d}x\mathrm{d}y = 3\pi$$

故 $I = 2\pi - 3\pi = -\pi$.

例 11.6.3 计算曲面积分 $I = \iint\limits_{S} x^2 \mathrm{d}y\mathrm{d}z + y^2 \mathrm{d}z\mathrm{d}x + z^2 \mathrm{d}x\mathrm{d}y$，其中 S 为

(1) S: $\dfrac{x^2}{a^2} + \dfrac{y^2}{b^2} + \dfrac{z^2}{c^2} = 1$；

(2) S: $(x-1)^2 + (y-2)^2 + (z-3)^2 = 4$.

分析 考察高斯公式及三重积分的对称性.

解： (1) 根据高斯公式及三重积分的对称性质，得

$$I = \iint\limits_{S} x^2 \mathrm{d}y\mathrm{d}z + y^2 \mathrm{d}z\mathrm{d}x + z^2 \mathrm{d}x\mathrm{d}y$$

$$= \iiint\limits_{\frac{x^2}{a^2} + \frac{y^2}{b^2} + \frac{z^2}{c^2} \leqslant 1} (2x + 2y + 2z)\mathrm{d}v = 0.$$

(2) 记 $\Omega = \{(x,y,z)\big|(x-1)^2 + (y-2)^2 + (z-3)^2 \leqslant 4\}$，根据高斯公式及三重积分的对称性质，得

$$
\begin{aligned}
I &= \iint\limits_{S} x^2 \mathrm{d}y\mathrm{d}z + y^2 \mathrm{d}z\mathrm{d}x + z^2 \mathrm{d}x\mathrm{d}y \\
&= \iiint\limits_{\Omega} (2x + 2y + 2z)\mathrm{d}v \\
&= 2\iiint\limits_{\Omega} [(x-1) + (y-2) + (z-3)]\mathrm{d}v + \iiint\limits_{\Omega} 12\mathrm{d}v \\
&= 0 + 12 \times \frac{4}{3}\pi \times 2^3 = 128\pi.
\end{aligned}
$$

例 11.6.4　计算 $I = \iint\limits_{S} \dfrac{2\mathrm{d}y\mathrm{d}z}{x\cos^2 x} + \dfrac{\mathrm{d}z\mathrm{d}x}{\cos^2 y} - \dfrac{\mathrm{d}x\mathrm{d}y}{z\cos^2 z}$，其中 S 是球面 $x^2 + y^2 + z^2 = 1$，外侧为正.

分析　考察两类积分之间的关系.

解： 因为 S 的正向单位法向量 $\boldsymbol{n} = \{x,y,z\}$，所以根据两类曲面积分的关系得

$$
I = \iint\limits_{S} \frac{2\mathrm{d}y\mathrm{d}z}{x\cos^2 x} + \frac{\mathrm{d}z\mathrm{d}x}{\cos^2 y} - \frac{\mathrm{d}x\mathrm{d}y}{z\cos^2 z} = \iint\limits_{S} \left(\frac{2x}{x\cos^2 x} + \frac{y}{\cos^2 y} - \frac{z}{z\cos^2 z} \right) \mathrm{d}s
$$

根据第一型曲面积分的对称性质，得

$$
\iint\limits_{S} \frac{1}{\cos^2 x} \mathrm{d}S = \iint\limits_{S} \frac{1}{\cos^2 z} \mathrm{d}S \ , \quad \iint\limits_{S} \frac{y}{\cos^2 y} \mathrm{d}S = \iint\limits_{S} \frac{z}{\cos^2 z} \mathrm{d}S
$$

所以

$$
I = \iint\limits_{S} \left(\frac{1}{\cos^2 z} + \frac{z}{\cos^2 z} \right) \mathrm{d}S
$$

令　$D = \{(x,y)\big|x^2 + y^2 \leqslant 1\}$，则

$$
\begin{aligned}
I &= \iint\limits_{D} \frac{1}{\cos^2 \sqrt{1-x^2-y^2}} \frac{1}{\sqrt{1-x^2-y^2}} \mathrm{d}x\mathrm{d}y \\
&\quad + \iint\limits_{D} \frac{1}{\cos^2 \sqrt{1-x^2-y^2}} \frac{1}{\sqrt{1-x^2-y^2}} \mathrm{d}x\mathrm{d}y \\
&\quad + \iint\limits_{D} \frac{1}{\cos^2 \sqrt{1-x^2-y^2}} \frac{\sqrt{1-x^2-y^2}}{\sqrt{1-x^2-y^2}} \mathrm{d}x\mathrm{d}y \\
&\quad + \iint\limits_{D} \frac{\mathrm{d}x\mathrm{d}y}{\cos^2 \sqrt{1-x^2-y^2}} \frac{-\sqrt{1-x^2-y^2}}{\sqrt{1-x^2-y^2}} \mathrm{d}x\mathrm{d}y \\
&= 2\iint\limits_{D} \frac{\mathrm{d}x\mathrm{d}y}{\sqrt{1-x^2-y^2}\cos^2 \sqrt{1-x^2-y^2}} \\
&= 2\int_0^{2\pi} \mathrm{d}\theta \int_0^1 \frac{r\mathrm{d}r}{\sqrt{1-r^2}\cos^2 \sqrt{1-r^2}} \\
&\xlongequal{\text{令}\sqrt{1-r^2}=u} 4\pi \int_0^1 \frac{\mathrm{d}u}{\cos^2 u} = 4\pi \tan 1
\end{aligned}
$$

例 11.6.5 设 S 是球面 $x^2 + y^2 + z^2 = 2x$，外侧为正；L 是曲线 $\begin{cases} x^2 + y^2 + z^2 = 2x, \\ x = \dfrac{3}{2}, \end{cases}$，方向为从 x 轴正向看是逆时针．求向量场 $\boldsymbol{F}(x,y,z) = \{xz^2, yx^2, zy^2\}$ 通过曲面 S 的通量 Φ 和沿曲线 L 的环流量 I．

解：根据通量概念，得

$$\Phi = \oiint_S \boldsymbol{F}(x,y,z)\,\mathrm{d}S = \oiint_S xz^2\,\mathrm{d}y\mathrm{d}z + yx^2\,\mathrm{d}z\mathrm{d}x + zy^2\,\mathrm{d}x\mathrm{d}y$$

设 Ω 是球体 $x^2 + y^2 + z^2 \leqslant 2x$，利用高斯公式，得

$$\Phi = \iiint_\Omega (z^2 + x^2 + y^2)\,\mathrm{d}v = \int_0^{\frac{\pi}{2}} \mathrm{d}\varphi \int_0^{2\pi} \mathrm{d}\theta \int_0^{2\cos\varphi} r^2\, r^2 \sin\varphi\,\mathrm{d}r$$

$$= \frac{64}{5}\pi \int_0^{\frac{\pi}{2}} \cos^5\varphi \sin\varphi\,\mathrm{d}\varphi = \frac{32}{15}\pi$$

根据通量的概念，得

$$I = \oint_L \boldsymbol{F}(x,y,z)\,\mathrm{d}l = \oint_L xz^2\,\mathrm{d}x + yx^2\,\mathrm{d}y + zy^2\,\mathrm{d}z$$

由于曲线 L 的参数方程为 $\begin{cases} y = \dfrac{\sqrt{3}}{2}\cos\theta, \\ z = \dfrac{\sqrt{3}}{2}\sin\theta,\ \theta: 0 \to 2\pi, \\ x = \dfrac{3}{2}, \end{cases}$ 所以

$$I = \oint_L xz^2\,\mathrm{d}x + yx^2\,\mathrm{d}y + zy^2\,\mathrm{d}z$$

$$= \int_0^{2\pi} \left[\frac{9\sqrt{3}}{8}\cos\theta\left(-\frac{\sqrt{3}}{2}\sin\theta\right) + \frac{3\sqrt{3}}{8}\sin\theta\cos^2\theta\left(\frac{\sqrt{3}}{2}\cos\theta\right) \right]\mathrm{d}\theta$$

$$= \frac{9}{16}\int_0^{2\pi} (\sin\theta\cos^3\theta - 3\cos\theta\sin\theta)\,\mathrm{d}\theta$$

$$= 0$$

11.6.3　练习题

习题(基础训练)

1. $\displaystyle\iint_\Sigma (x+y)\,\mathrm{d}y\mathrm{d}z + (y+z)\,\mathrm{d}z\mathrm{d}x + (z+x)\,\mathrm{d}x\mathrm{d}y$，其中 Σ 是以坐标原点为中心，边长为 2 的立方体整个表面的外侧．

2. $\oiint\limits_{\Sigma} \sqrt{x^2 + y^2 + z^2}\,(x\mathrm{d}y\mathrm{d}z + y\mathrm{d}z\mathrm{d}x + z\mathrm{d}x\mathrm{d}y)$，其中 Σ 为曲面 $x^2 + y^2 + z^2 = R^2$ 的外侧．

3. 计算 $I = \iint\limits_{\Sigma} z^2 x\mathrm{d}y\mathrm{d}z + x^2 y\mathrm{d}z\mathrm{d}x + (y^2 z + 3)\mathrm{d}x\mathrm{d}y$，其中 Σ 是半球面 $z = \sqrt{4 - x^2 - y^2}$ 的上侧．

4. 试计算 $\iint\limits_{S} (1 - x^2)\mathrm{d}y\mathrm{d}z + 4xy\mathrm{d}z\mathrm{d}x - 2xz\mathrm{d}x\mathrm{d}y$，$S$ 为曲线 $\begin{cases} x = \mathrm{e}^y \\ z = 0 \end{cases} (0 \leqslant y \leqslant a)$ 绕 x 轴旋转所成的旋转曲面，其法矢量与 x 轴正向夹角为钝角．

5. 计算 $\oint\limits_{\Gamma} z\mathrm{d}x + x\mathrm{d}y + y\mathrm{d}z$，$\Gamma$ 为平面 $x + y + z = 1$ 被三个坐标面所截成的三角形的整个边界，它的方向与这个三角形上侧的法向量间符合右手规则．

习题(能力提升)

1．计算 $I = \oiint\limits_{\Sigma} \dfrac{x}{r^3}\mathrm{d}y\mathrm{d}z + \dfrac{y}{r^3}\mathrm{d}z\mathrm{d}x + \dfrac{z}{r^3}\mathrm{d}x\mathrm{d}y$，其中 $r = \sqrt{x^2 + y^2 + z^2}$，$\Sigma$ 为球面 $x^2 + y^2 + z^2 = a^2$ 表面外侧．

2．计算 $\oiint\limits_{\Sigma}(x^3z - xz^3)\mathrm{d}y\mathrm{d}z + y^3z\mathrm{d}z\mathrm{d}x + z^4\mathrm{d}x\mathrm{d}y$，其中 Σ 是球体 $x^2 + y^2 + z^2 \leqslant 2z$ 的表面的外侧．

3．计算 $\iint\limits_{\Sigma} x\mathrm{d}y\mathrm{d}z + y\mathrm{d}x\mathrm{d}z + z\mathrm{d}x\mathrm{d}y,$ Σ：$x^2 + y^2 + z^2 = a^2, z \geqslant 0$ 的上侧．

第12章 无穷级数

本章知识导航：

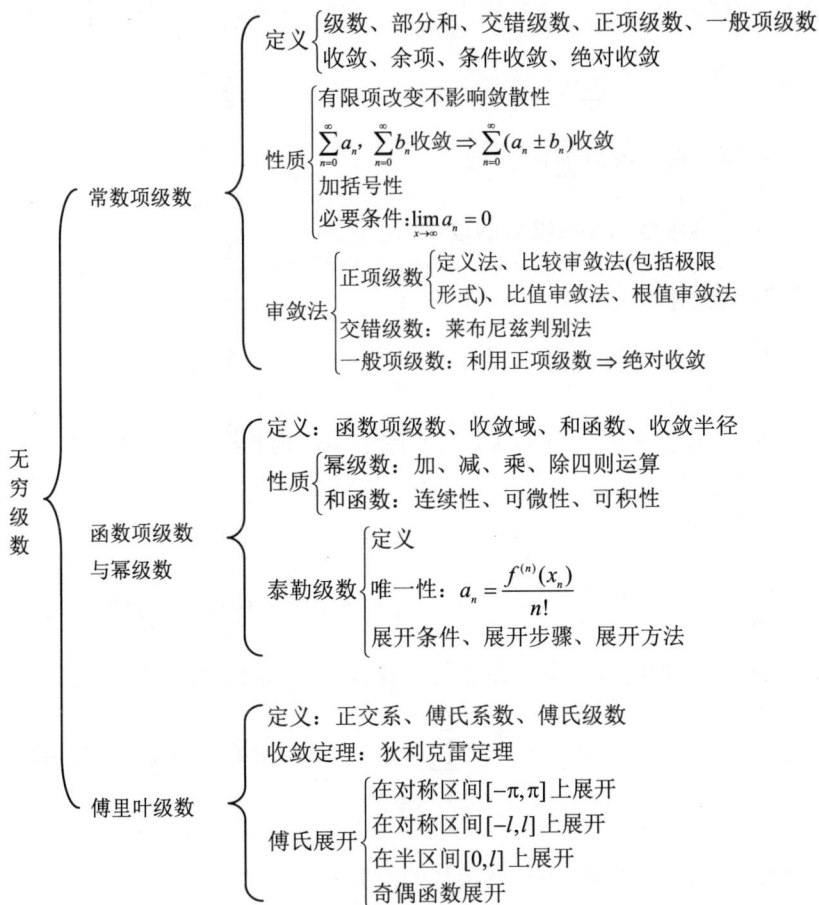

$$
\text{无穷级数}
\begin{cases}
\text{常数项级数}
\begin{cases}
\text{定义}
\begin{cases}
\text{级数、部分和、交错级数、正项级数、一般项级数} \\
\text{收敛、余项、条件收敛、绝对收敛}
\end{cases} \\
\text{性质}
\begin{cases}
\text{有限项改变不影响敛散性} \\
\sum_{n=0}^{\infty}a_n,\ \sum_{n=0}^{\infty}b_n \text{收敛} \Rightarrow \sum_{n=0}^{\infty}(a_n \pm b_n)\text{收敛} \\
\text{加括号性} \\
\text{必要条件：}\lim_{x\to\infty}a_n = 0
\end{cases} \\
\text{审敛法}
\begin{cases}
\text{正项级数}
\begin{cases}
\text{定义法、比较审敛法(包括极限} \\
\text{形式)、比值审敛法、根值审敛法}
\end{cases} \\
\text{交错级数：莱布尼兹判别法} \\
\text{一般项级数：利用正项级数} \Rightarrow \text{绝对收敛}
\end{cases}
\end{cases} \\
\text{函数项级数}\atop\text{与幂级数}
\begin{cases}
\text{定义：函数项级数、收敛域、和函数、收敛半径} \\
\text{性质}
\begin{cases}
\text{幂级数：加、减、乘、除四则运算} \\
\text{和函数：连续性、可微性、可积性}
\end{cases} \\
\text{泰勒级数}
\begin{cases}
\text{定义} \\
\text{唯一性：}a_n = \dfrac{f^{(n)}(x_n)}{n!} \\
\text{展开条件、展开步骤、展开方法}
\end{cases}
\end{cases} \\
\text{傅里叶级数}
\begin{cases}
\text{定义：正交系、傅氏系数、傅氏级数} \\
\text{收敛定理：狄利克雷定理} \\
\text{傅氏展开}
\begin{cases}
\text{在对称区间}[-\pi,\pi]\text{上展开} \\
\text{在对称区间}[-l,l]\text{上展开} \\
\text{在半区间}[0,l]\text{上展开} \\
\text{奇偶函数展开}
\end{cases}
\end{cases}
\end{cases}
$$

12.1 常数项级数的概念及性质

12.1.1 重要知识点

1. 定义

设已给数列 $\{u_n\}$：$u_1, u_2, u_3, \cdots, u_n, \cdots$，表达式 $u_1 + u_2 + u_3 + \cdots + u_n + \cdots$ 或记为 $\sum_{n=1}^{\infty} u_n$，称为(常数项)无穷级数，简称(常数项)级数，其中 u_n 叫作级数的通项或一般项.

作常数项级数的前 n 项的和 $S_n = u_1 + u_2 + u_3 + \cdots + u_n$，$S_n$ 称为级数的部分和. 从而得到一个新的序列：

$$S_1 = u_1, \quad S_2 = u_1 + u_2, \quad S_3 = u_1 + u_2 + u_3, \quad \cdots, \quad S_n = u_1 + u_2 + u_3 + \cdots + u_n, \cdots$$

2．收敛性定义

如果级数 $\sum_{n=1}^{\infty} u_n$ 的部分和数列 $\{S_n\}$ 有极限 S，即 $\lim_{n \to \infty} S_n = S$，则称级数 $\sum_{n=1}^{\infty} u_n$ 收敛，这时极限 S 叫作这级数的和，记为 $\sum_{n=1}^{\infty} u_n = S$．

如果 $\{S_n\}$ 没有极限，则称级数 $\sum_{n=1}^{\infty} u_n$ 发散．

此时称 $r_n = S - S_n$ 为级数第 n 项以后的余项．

3．级数收敛的必要条件

定理 若级数 $\sum_{n=1}^{\infty} u_n$ 收敛，则 $\lim_{n \to \infty} u_n = 0$．

推论 若级数 $\sum_{n=1}^{\infty} u_n$ 的通项 u_n，当 $n \to \infty$ 时不趋于零，则此级数必发散．

4．收敛级数的基本性质

性质 1 若级数 $\sum_{n=1}^{\infty} u_n$ 收敛，其和为 S，又 k 为常数，则 $\sum_{n=1}^{\infty} k u_n$ 也收敛，且 $\sum_{n=1}^{\infty} k u_n = k \sum_{n=1}^{\infty} u_n$ (级数的每一项同乘一个不为零的常数后，它的收敛性不会改变).

性质 2 若已知 $\sum_{n=1}^{\infty} u_n = S$，$\sum_{n=1}^{\infty} v_n = \sigma$，则 $\sum_{n=1}^{\infty} (u_n \pm v_n) = s \pm \sigma$ (两个收敛级数可以逐项相加与逐项相减).

性质3 改变级数的有限项的值不改变级数的敛散性．

性质4 收敛级数中的各项(按其原来的次序)任意合并(即加上括号)以后所成的新级数仍然收敛，而且其和不变．

12.1.2 典型题型解析

依据级数的定义及其性质判别级数的敛散性．

例 12.1.1 判断下列各级数的收敛性，并求收敛级数的和.

(1) $\dfrac{1}{1 \times 3} + \dfrac{1}{3 \times 5} + \dfrac{1}{5 \times 7} + \cdots$．

(2) $1 + \dfrac{2}{3} + \dfrac{3}{5} + \dfrac{4}{7} + \cdots$．

(3) $\sum\limits_{n=1}^{\infty}(\sqrt{n+1}-\sqrt{n})$.

分析　依据级数的定义及其性质判别级数的敛散性.

解： (1) 该级数一般项 $u_n=\dfrac{1}{(2n-1)(2n+1)}=\dfrac{1}{2}\left(\dfrac{1}{2n-1}-\dfrac{1}{2n+1}\right)$ ，所以原级数的前 n 项

和为

$$S_n=\frac{1}{2}\left[\frac{1}{1}-\frac{1}{3}+\frac{1}{3}-\frac{1}{5}+\cdots+\frac{1}{2n-1}-\frac{1}{2n+1}\right]=\frac{1}{2}\left(1-\frac{1}{2n+1}\right)$$

$\lim\limits_{n\to\infty}S_n=\lim\limits_{n\to\infty}\dfrac{1}{2}\left(1-\dfrac{1}{2n+1}\right)=\dfrac{1}{2}$ ，所以该级数收敛，和为 $\dfrac{1}{2}$.

(2) 该级数一般项 $u_n=\dfrac{n}{2n-1}$ ，　$\lim\limits_{n\to\infty}u_n=\lim\limits_{n\to\infty}\dfrac{n}{2n-1}=\dfrac{1}{2}\neq 0$ ，不满足级数收敛的必要条

件，根据性质 1，该级数发散.

(3) 该级数一般项 $u_n=\sqrt{n+1}-\sqrt{n}$ ，则

$$S_n=(\sqrt{1+1}-\sqrt{1})+(\sqrt{2+1}-\sqrt{2})+\cdots+(\sqrt{n+1}-\sqrt{n})=\sqrt{n+1}-1$$

$\lim\limits_{n\to\infty}S_n=\lim\limits_{n\to\infty}\sqrt{n+1}-1=\infty$ ，故级数发散.

例 12.1.2　求级数 $\sum\limits_{n=1}^{\infty}\left(\dfrac{\ln^n 3}{2^n}+\dfrac{1}{n(n+1)}\right)$ 的和.

分析　依据级数收敛的定义判别级数的敛散性.

解： 因为

$$\sum_{k=1}^{n}\frac{\ln^k 3}{2^k}=\frac{\ln 3}{2}\frac{1-\dfrac{\ln^n 3}{2^n}}{1-\dfrac{\ln 3}{2}},\quad \sum_{k=1}^{n}\frac{1}{k(k+1)}=1-\frac{1}{n+1}$$

所以

$$\sum_{n=1}^{\infty}\left(\frac{\ln^n 3}{2^n}+\frac{1}{n(n+1)}\right)$$

$$=\lim_{n\to\infty}\sum_{k=1}^{n}\left[\frac{\ln^k 3}{2^k}+\frac{1}{k(k+1)}\right]$$

$$=\lim_{n\to\infty}\left[\frac{\ln 3}{2}\frac{1-\dfrac{\ln^n 3}{2^n}}{1-\dfrac{\ln 3}{2}}+1-\frac{1}{n+1}\right]$$

$$=\frac{\ln 3}{2-\ln 3}+1=\frac{2}{2-\ln 3}$$

12.1.3　练习题

习题(基础训练)

1. 判断题(对的画 " √ "，错的画 " × ")

(1) 级数部分和的极限已求出，则级数收敛．若部分和的极限不存在，则级数发散．

　　　　　　　　　　　　　　　　　　　　　　　　　　　　(　　)

(2) 若级数 $\sum\limits_{n=1}^{\infty}(u_n \pm v_n)$ 收敛，则级数 $\sum\limits_{n=1}^{\infty}u_n$ 与级数 $\sum\limits_{n=1}^{\infty}v_n$ 都收敛．　　(　　)

(3) 改变级数的有限项不会改变级数的和．　　　　　　　　　(　　)

(4) 当 $\lim\limits_{n\to\infty}u_n = 0$ 时，级数 $\sum\limits_{n=1}^{\infty}u_n$ 不一定收敛．　　　　　(　　)

2. 判断下列各级数的收敛性，并求收敛级数的和．

(1) $\dfrac{4}{7} - \dfrac{4^2}{7^2} + \dfrac{4^3}{7^3} - \cdots$；　　　　　　　　(2) $\ln^3 \pi + \ln^4 \pi + \ln^5 \pi + \cdots$．

3. 级数 $\sum\limits_{n=1}^{\infty}\left(\dfrac{1}{2^n} + \dfrac{1}{3^n}\right)$ 是否收敛？若收敛，求其和．

习题(能力提升)

1. 证明级数 $\sum\limits_{n=1}^{\infty}\dfrac{1}{n(n+1)} = 1$．

2．判断下列级数的敛散性.

(1) $\left(\dfrac{1}{2}+\dfrac{1}{3}\right)+\left(\dfrac{1}{2^2}+\dfrac{1}{3^2}\right)+\left(\dfrac{1}{2^3}+\dfrac{1}{3^3}\right)+\cdots+\left(\dfrac{1}{2^n}+\dfrac{1}{3^n}\right)+\cdots;$

(2) $\dfrac{1}{3}+\dfrac{1}{\sqrt{3}}+\dfrac{1}{\sqrt[3]{3}}+\cdots+\dfrac{1}{\sqrt[n]{3}}+\cdots.$

3．制造灯泡需要抽去玻璃泡中的空气，设灯泡中原有空气的质量 m，在多次抽气时，每一次抽出的空气质量为上次剩余质量的 20%，连续不断地抽，抽出的空气质量最多是多少？

12.2　常数项级数敛散性的判别法

12.2.1　重要知识点

1．定义

每项均为非负的级数称为正项级数.

设级数 $u_1+u_2+u_3+\cdots+u_n+\cdots$ 是一个正项级数 $(u_n\geqslant 0)$，它的部分和数列 $\{S_n\}$ 显然是一个单调增加数列：$S_1\leqslant S_2\leqslant S_3\leqslant\cdots\leqslant S_n\leqslant\cdots$，从而有以下定理.

2．判别法

定理 1　正项级数 $\sum\limits_{n=1}^{\infty} u_n$ 收敛 $\Leftrightarrow$ 它的部分和数列 $\{S_n\}$ 有界.

推论　如果正项级数 $\sum\limits_{n=1}^{\infty} u_n$ 发散，则它的部分和数列 $S_n \to +\infty \ (n \to \infty)$.

定理 2(比较审敛法)　已知两正项级数 $u_1 + u_2 + u_3 + \cdots + u_n + \cdots \ (A)$，$v_1 + v_2 + v_3 + \cdots + v_n + \cdots (B)$.

(1) 若级数 (A) 收敛且对大于某个正整数的一切 n，都有 $v_n \leqslant u_n$，则级数 (B) 也收敛；

(2) 若级数 (A) 发散且对大于某个正整数的一切 n，都有 $v_n \geqslant u_n$，则级数 (B) 也发散.

推论　设 $\sum\limits_{n=1}^{\infty} u_n$ 和 $\sum\limits_{n=1}^{\infty} v_n$ 都是正项级数，如果级数 $\sum\limits_{n=1}^{\infty} v_n$ 收敛，且存在自然数 N，使得 $n \geqslant N$ 时有 $u_n \leqslant k v_n (k > 0)$ 成立，则级数 $\sum\limits_{n=1}^{\infty} u_n$ 收敛；如果级数 $\sum\limits_{n=1}^{\infty} v_n$ 发散，且当 $n \geqslant N$ 时有 $u_n \geqslant k v_n (k > 0)$ 成立，则 $\sum\limits_{n=1}^{\infty} u_n$ 发散.

定理 3(比较法的极限形式)　设 $\sum\limits_{n=1}^{\infty} u_n$ 和 $\sum\limits_{n=1}^{\infty} v_n$ 都是正项级数，如果

(1) $\lim\limits_{n \to \infty} \dfrac{u_n}{v_n} = l, (0 \leqslant l < +\infty)$，且级数 $\sum\limits_{n=1}^{\infty} v_n$ 收敛，则级数 $\sum\limits_{n=1}^{\infty} u_n$ 收敛.

(2) $\lim\limits_{n \to \infty} \dfrac{u_n}{v_n} = l > 0$ 或 $\lim\limits_{n \to \infty} \dfrac{u_n}{v_n} = +\infty$，且级数 $\sum\limits_{n=1}^{\infty} v_n$ 发散，则级数 $\sum\limits_{n=1}^{\infty} u_n$ 发散.

定理 4(比值审敛法)　若正项级数 $\sum\limits_{n=1}^{\infty} u_n$ 的后项与前项之比值的极限等于 ρ：$\lim\limits_{n \to \infty} \dfrac{u_{n+1}}{u_n} = \rho$，则当 $\rho < 1$ 时，级数收敛；$\rho > 1 \left(\text{或} \lim\limits_{n \to \infty} \dfrac{u_{n+1}}{u_n} = \infty \right)$ 时级数发散；$\rho = 1$ 时级数可能收敛也可能发散.

定理 5(根值审敛法)　设 $\sum\limits_{n=1}^{\infty} u_n$ 为正项级数，如果它的一般项 u_n 的 n 次根的极限等于 ρ：$\lim\limits_{n \to \infty} \sqrt[n]{u_n} = \rho$，则当 $\rho < 1$ 时，级数收敛；$\rho > 1 \left(\text{或} \lim\limits_{n \to \infty} \sqrt[n]{u_n} = +\infty \right)$ 时级数发散；$\rho = 1$ 时级数可能收敛也可能发散.

定理 6(极限审敛法)　设 $\sum\limits_{n=1}^{\infty} u_n$ 为正项级数，

(1) 如果 $\lim\limits_{n \to \infty} n u_n = l > 0 \left(\text{或} \lim\limits_{n \to \infty} n u_n = +\infty \right)$，则级数 $\sum\limits_{n=1}^{\infty} u_n$ 发散；

(2) 如果 $p > 1$，而 $\lim\limits_{n \to \infty} n^p u_n = l (0 \leqslant l < +\infty)$，则级数 $\sum\limits_{n=1}^{\infty} u_n$ 收敛.

3．三个重要的级数

(1)　p-级数：$\displaystyle\sum_{n=1}^{\infty}\frac{1}{n^p}$　$p\leqslant 1$(发散)，$p>1$(收敛)；

(2)　几何级数：$\displaystyle\sum_{n=1}^{\infty}aq^{n-1}$　$|q|\geqslant 1$(发散)，$|q|<1$(收敛)；

(3)　$\displaystyle\sum_{n=1}^{\infty}(-1)^{n-1}\frac{1}{n}$ 收敛．

4．交错级数的定义

一个级数的各项如果是正负相间的就叫作交错级数．若 $u_n>0$（$u_n<0$ 也一样）$n=1,2,3\cdots$，则 $u_1-u_2+u_3-u_4+\cdots+(-1)^{n-1}u_n+\cdots$ 就是一个交错级数．

5．定理 7(莱布尼兹准则)

若 (I)$u_n>0$ ，　(II)$u_n\geqslant u_{n+1}$ ，　(III)$\displaystyle\lim_{n\to\infty}u_n=0$ ，　则级数 $\displaystyle\sum_{n=1}^{\infty}(-1)^{n-1}u_n$ 收敛，且 $0\leqslant\displaystyle\sum_{n=1}^{\infty}(-1)^{n-1}u_n\leqslant u_1$ ．

6．定理 8

若 $\displaystyle\sum_{n=1}^{\infty}|u_n|$ 收敛，则 $\displaystyle\sum_{n=1}^{\infty}u_n$ 也收敛．

7．定义

若 $\displaystyle\sum_{n=1}^{\infty}|u_n|$ 收敛，则称 $\displaystyle\sum_{n=1}^{\infty}u_n$ 是绝对收敛的；如果 $\displaystyle\sum_{n=1}^{\infty}u_n$ 收敛而 $\displaystyle\sum_{n=1}^{\infty}|u_n|$ 发散，则称 $\displaystyle\sum_{n=1}^{\infty}u_n$ 是条件收敛的．

12.2.2　典型题型解析

例 12.2.1　判断级数 $\displaystyle\sum_{n=1}^{\infty}\frac{1}{\sqrt{n}}\ln\left(\frac{n+1}{n}\right)$ 的敛散性．

分析　考察用比较法的极限形式和比较审敛法验证．

解法 1：

因为 $\dfrac{1}{\sqrt{n}}\ln\left(\dfrac{n+1}{n}\right)>0$，且

$$\lim_{n\to\infty}\frac{\ln\left(\dfrac{n+1}{n}\right)}{\dfrac{1}{n}}=1$$

所以 $\dfrac{1}{\sqrt{n}}\ln\left(\dfrac{n+1}{n}\right)$ 与 $\dfrac{1}{n\sqrt{n}}$ 在 $n\to\infty$ 时是等价无穷小. 又因为级数 $\displaystyle\sum_{n=1}^{\infty}\dfrac{1}{n\sqrt{n}}$ 收敛, 所以, 根据比较审敛法知级数 $\displaystyle\sum_{n=1}^{\infty}\dfrac{1}{\sqrt{n}}\ln\left(\dfrac{n+1}{n}\right)$ 收敛.

解法 2:

因为

$$\ln\left(\frac{n+1}{n}\right)=\ln\left(1+\frac{1}{n}\right)<\frac{1}{n}$$

所以

$$\frac{1}{\sqrt{n}}\ln\left(\frac{n+1}{n}\right)<\frac{1}{n\sqrt{n}}$$

已知 $\displaystyle\sum_{n=1}^{\infty}\dfrac{1}{n\sqrt{n}}$ 收敛, 所以由比较审敛法知级数 $\displaystyle\sum_{n=1}^{\infty}\dfrac{1}{\sqrt{n}}\ln\left(\dfrac{n+1}{n}\right)$ 收敛.

例 12.2.2 判断级数 $\displaystyle\sum_{n=1}^{\infty}\dfrac{a^{n}n!}{n^{n}}$ $(a>0)$ 的敛散性.

分析 考察用比值审敛法验证.

解: 记 $u_{n}=\dfrac{a^{n}n!}{n^{n}}$, 则 $u_{n}>0$, 且

$$\lim_{n\to\infty}\frac{u_{n+1}}{u_{n}}=\lim_{n\to\infty}\frac{a^{n+1}(n+1)!}{(n+1)^{n+1}}\cdot\frac{n^{n}}{a^{n}n!}=\lim_{n\to\infty}\frac{a}{\left(1+\dfrac{1}{n}\right)^{n}}=\frac{a}{\mathrm{e}}$$

所以根据比值审敛法, 当 $a<\mathrm{e}$ 时级数收敛, 当 $a>\mathrm{e}$ 时级数发散.

当 $a=\mathrm{e}$ 时, 因为 $\displaystyle\lim_{n\to\infty}\dfrac{u_{n+1}}{u_{n}}=1$, 所以此时比值审敛法失效, 但由于 $\dfrac{u_{n+1}}{u_{n}}=\dfrac{\mathrm{e}}{\left(1+\dfrac{1}{n}\right)^{n}}>1$ $\left(\text{因为数列}\left(1+\dfrac{1}{n}\right)^{n}\text{单调递增趋于}\mathrm{e}\right)$, 所以 $\displaystyle\lim_{n\to\infty}u_{n}\neq 0$, 因而当 $a=\mathrm{e}$ 时, 级数发散.

例 12.2.3 讨论级数 $\displaystyle\sum_{n=1}^{\infty}\dfrac{a^{n}}{n^{p}}$, $p>0$ 的敛散性.

分析 考察用比值审敛法.

解: 因为

$$\lim_{n\to\infty}\frac{|a|^{n+1}}{(n+1)^{p}}\cdot\frac{n^{p}}{|a|^{n}}=|a|$$

所以根据比值审敛法, 当 $|a|<1$ 时, 级数 $\displaystyle\sum_{n=1}^{\infty}\dfrac{a^{n}}{n^{p}}$ 绝对收敛.

当 $|a| > 1$ 时，由于 $\lim\limits_{n\to\infty} \left| \dfrac{a^n}{n^p} \right| = +\infty$，所以级数 $\sum\limits_{n=1}^{\infty} \dfrac{a^n}{n^p}$ 发散.

当 $a = 1$ 时，级数为 $\sum\limits_{n=1}^{\infty} \dfrac{1}{n^p}$，由 p 级数的敛散性，当 $0 < p \leqslant 1$ 时级数发散，当 $p > 1$ 时级数收敛.

当 $a = -1$ 时，级数为 $\sum\limits_{n=1}^{\infty} \dfrac{(-1)^n}{n^p}$，由莱布尼兹准则，当 $0 < p \leqslant 1$ 时级数条件收敛；由 p 级数的敛散性，当 $p > 1$ 时级数绝对收敛.

例 12.2.4 设级数 $\sum\limits_{n=1}^{\infty} |a_n|$ 收敛，且 $\lim\limits_{n\to\infty} b_n = 1$，证明级数 $\sum\limits_{n=1}^{\infty} a_n b_n$ 绝对收敛.

分析 用比较审敛法考察.

证：因为 $\lim\limits_{n\to\infty} b_n = 1$，所以数列 $\{b_n\}$ 有界，即存在 $M > 0$，使得对任意的 n，有

$$|b_n| \leqslant M$$

于是 $|a_n b_n| \leqslant M |a_n|$，又级数 $\sum\limits_{n=1}^{\infty} |a_n|$ 收敛，由比较审敛法知 $\sum\limits_{n=1}^{\infty} |a_n b_n|$ 收敛，故级数 $\sum\limits_{n=1}^{\infty} a_n b_n$ 绝对收敛.

例 12.2.5 已知 $a_n > 0$，且 $a_{n+1} \leqslant a_n$ $(n = 1, 2, 3, \cdots)$，若级数 $\sum\limits_{n=1}^{\infty} (-1)^n a_n$ 发散，证明级数 $\sum\limits_{n=1}^{\infty} \dfrac{1}{(1 + a_n)^n}$ 收敛.

分析 用莱布尼兹准则判断交错级数的敛散性.

证：因为 $0 < a_{n+1} \leqslant a_n$ $(n = 1, 2, 3, \cdots)$，所以极限 $\lim\limits_{n\to\infty} a_n$ 存在，其值记为 A. 由于级数 $\sum\limits_{n=1}^{\infty} (-1)^n a_n$ 发散，根据莱布尼兹准则知 $A > 0$. 所以存在 $N > 0$，使得当 $n \geqslant N$ 时，有 $a_n > \dfrac{A}{2}$，故当 $n \geqslant N$ 时，$\dfrac{1}{(1 + a_n)^n} < \dfrac{1}{\left(1 + \dfrac{A}{2}\right)^n}$.

根据比较审敛法知级数 $\sum\limits_{n=1}^{\infty} \dfrac{1}{(1 + a_n)^n}$ 收敛.

11.2.3 练习题

习题(基础训练)

1. 用"收敛"或"发散"填空.

(1) $\sum\limits_{n=1}^{\infty} \dfrac{1}{\sqrt[3]{n}}$ (　　　　　)；　　　　(2) $\sum\limits_{n=1}^{\infty} \dfrac{\ln^2 2}{2^n}$ (　　　　　)；

(3) $\sum\limits_{n=1}^{\infty} n!$ (　　　　　)；　　　　(4) $\sum\limits_{n=1}^{\infty} \dfrac{1}{n^{1.2}}$ (　　　　　).

2．判断下列正项级数的收敛性.

(1) $\sum_{n=1}^{\infty} \frac{1}{0.9^n}$;

(2) $\sum_{n=1}^{\infty} \frac{8}{n^2 + 5n + 6}$;

(3) $\sum_{n=1}^{\infty} \frac{3}{2^n + 5}$.

3．判断下列级数是否收敛.

(1) $\sum_{n=1}^{\infty} (-1)^n \pi^{-n}$;

(2) $\sum_{n=1}^{\infty} (-1)^{n-1} \frac{1}{\sqrt[3]{n}}$

(3) $\sum_{n=1}^{\infty} (-1)^n \frac{\sin^2 n}{n^2}$;

(4) $\sum_{n=1}^{\infty} \left[1 + \frac{(-1)^n}{n^2} \right]$.

习题(能力提升)

判断下列级数的敛散性.

(1) $\displaystyle\sum_{n=1}^{\infty}\frac{n+1}{n(n+2)}$;

(2) $\displaystyle\sum_{n=1}^{\infty}\left(\frac{n}{1+n}\right)^{n}$;

(3) $\displaystyle\sum_{n=1}^{\infty}(-1)^{n-1}\arcsin\frac{1}{3n}$;

(4) $\displaystyle\sum_{n=1}^{\infty}(-1)^{n}\frac{n^{2}+1}{n^{3}}$;

(5) $\displaystyle\sum_{n=1}^{\infty}\frac{n}{2^{n}}$;

(6) $\displaystyle\sum_{n=1}^{\infty}\frac{6^{n}}{n^{6}}$;

(7) $\dfrac{1}{a+b}+\dfrac{1}{2a+b}+\dfrac{1}{3a+b}+\cdots,(a,b>0)$;

(8) $\displaystyle\sum_{n=1}^{\infty}\frac{n}{(n+1)(n+2)(n+3)}$;

(9) $\sqrt{2}+\sqrt{\dfrac{3}{2}}+\sqrt{\dfrac{4}{3}}+\cdots+\sqrt{\dfrac{n+1}{n}}+\cdots$;

(10) $1-\dfrac{1}{3^{2}}+\dfrac{1}{5^{2}}-\dfrac{1}{7^{2}}+\cdots$.

12.3 幂 级 数

12.3.1 重要知识点

1. 函数项级数的概念

如果级数 $u_1(x) + u_2(x) + u_3(x) + \cdots + u_n(x) + \cdots$ 的各项都是定义在某区间 I 中的函数，就叫作函数项级数. 当自变量 x 取特定值，如 $x = x_0 \in I$ 时，级数变成一个数项级数 $\sum_{n=1}^{\infty} u_n(x_0)$. 如果这个数项级数收敛，称为 x_0 函数项级数 $\sum_{n=1}^{\infty} u_n(x)$ 的收敛点，如发散，称 x_0 为发散点，一个函数项级数的收敛点的全体构成它的收敛域.

2. 定义

形如 $\sum_{n=0}^{\infty} a_n x^n = a_0 + a_1 x + a_2 x^2 + \cdots + a_n x^n + \cdots$ 的级数称为幂级数，其中常数 $a_0, a_1, a_2, \ldots, a_n, \ldots$ 叫作幂级数的系数.

3. 定理 1

若有 $x_0 \neq 0$ 使 $\sum_{n=0}^{\infty} a_n x_0^n$ 收敛，则当 $|x| < |x_0|$ 时，幂级数 $\sum_{n=0}^{\infty} a_n x^n$ 绝对收敛；若有 x' 使 $\sum_{n=0}^{\infty} a_n x'$ 发散，则当 $|x| > |x'|$ 时，幂级数 $\sum_{n=0}^{\infty} a_n x^n$ 发散.

4. 推论

如果幂级数 $\sum_{n=0}^{\infty} a_n x^n$ 不是仅在 $x = 0$ 一点收敛，也不是在整个数轴上都收敛，则必有一个确定的数 R 存在，使得

当 $|x| < R$ 时，幂级数 $\sum_{n=0}^{\infty} a_n x^n$ 绝对收敛；

当 $|x| > R$ 时，幂级数 $\sum_{n=0}^{\infty} a_n x^n$ 发散；

当 $x = R$ 与 $x = -R$ 时，幂级数可能收敛也可能发散.

正数 R 通常叫作幂级数 $\sum_{n=0}^{\infty} a_n x^n$ 的收敛半径，开区间 $(-R, R)$ 叫作幂级数的收敛区间.

5. 定理 2

如果幂级数 $\sum_{n=0}^{\infty} a_n x^n$ 在 n 充分大以后都有 $a_n \neq 0$，且 $\lim_{n \to \infty} \left| \dfrac{a_{n+1}}{a_n} \right| = \rho (0 \leqslant \rho \leqslant +\infty)$，则

(1) 当 $0 < \rho < +\infty$ 时，$R = \dfrac{1}{\rho}$；

(2) 当 $\rho = 0$ 时，$R = +\infty$；

(3) 当 $\rho = +\infty$ 时，$R = 0$.

6. 幂级数和函数的性质

性质 1 幂级数 $\sum\limits_{n=0}^{\infty} a_n x^n$ 的和函数 $s(x)$ 在其收敛域 I 上连续.

性质 2 幂级数 $\sum\limits_{n=0}^{\infty} a_n x^n$ 的和函数 $s(x)$ 在其收敛域 I 上可积，并有逐项积分公式

$$\int_0^x s(x)\mathrm{d}x = \int_0^x \left[\sum_{n=0}^{\infty} a_n x^n \right] \mathrm{d}x = \sum_{n=0}^{\infty} \int_0^x a_n x^n \mathrm{d}x = \sum_{n=0}^{\infty} \frac{a_n}{n+1} x^{n+1}, (x \in I)$$

逐项积分后所得到的幂级数和原级数有相同的收敛半径.

性质 3 幂级数 $\sum\limits_{n=0}^{\infty} a_n x^n$ 的和函数 $s(x)$ 在其收敛区间 $(-R, R)$ 内可导，且有逐项求导公式

$$s'(x) = \left[\sum_{n=0}^{\infty} a_n x^n \right]' = \sum_{n=0}^{\infty} (a_n x^n)' = \sum_{n=1}^{\infty} n a_n x^{n-1}, |x| < R$$

逐项求导后所得到的幂级数和原级数有相同的收敛半径.

12.3.2 典型题型解析

例 12.3.1 求下列幂级数的收敛域.

(1) $\sum\limits_{n=1}^{\infty} (-1)^n \dfrac{2^n}{\sqrt{n}} x^n$；   (2) $\sum\limits_{n=1}^{\infty} (-nx)^n$；   (3) $\sum\limits_{n=1}^{\infty} \dfrac{1}{n!} x^n$.

分析 此处直接套用收敛半径的计算公式.

解：(1) 记 $a_n = (-1)^n \dfrac{2^n}{\sqrt{n}}$，因为

$$\lim_{n \to \infty} \left| \frac{a_{n+1}}{a_n} \right| = \lim_{n \to \infty} \frac{2\sqrt{n}}{\sqrt{n+1}} = 2$$

所以收敛半径为 $R = \dfrac{1}{2}$，收敛区间为 $\left(-\dfrac{1}{2}, \dfrac{1}{2} \right)$.

又因为当 $x = \dfrac{1}{2}$ 时，级数 $\sum\limits_{n=1}^{\infty} (-1)^n \dfrac{1}{\sqrt{n}}$ 条件收敛；当 $x = -\dfrac{1}{2}$ 时，级数

$\sum\limits_{n=1}^{\infty} (-1)^n \dfrac{1}{\sqrt{n}} (-1)^n = \sum\limits_{n=1}^{\infty} \dfrac{1}{\sqrt{n}}$ 发散.

故级数 $\sum\limits_{n=1}^{\infty} (-1)^n \dfrac{2^n}{\sqrt{n}} x^n$ 的收敛域为 $\left(-\dfrac{1}{2}, \dfrac{1}{2} \right]$.

(2) 记 $a_n = (-1)^n n^n$，由 $\lim\limits_{n \to \infty} \left| \dfrac{a_{n+1}}{a_n} \right| = \lim\limits_{n \to \infty} (n+1) \left(1 + \dfrac{1}{n} \right)^n = +\infty$，得收敛半径为 $R = 0$，所以幂

级数 $\sum\limits_{n=1}^{\infty}(-nx)^n$ 仅在 $x=0$ 处收敛.

(3) 记 $a_n=\dfrac{1}{n!}$，由 $\lim\limits_{n\to\infty}\left|\dfrac{a_{n+1}}{a_n}\right|=\lim\limits_{n\to\infty}\dfrac{1}{n+1}=0$，得收敛半径为 $R=+\infty$，故级数 $\sum\limits_{n=1}^{\infty}\dfrac{1}{n!}x^n$ 的收敛域为 $(-\infty,+\infty)$.

例 12.3.2　求幂级数 $\sum\limits_{n=1}^{\infty}\dfrac{1}{3^n}x^{2n-1}$ 的收敛域.

分析　此时不能套用收敛半径的计算公式，而要对该级数用比值审敛法求其收敛半径.

解：因为

$$\lim_{k\to\infty}\left|\frac{1}{3^{k+1}}x^{2k+1}\bigg/\frac{1}{3^k}x^{2k-1}\right|=\lim_{k\to\infty}\frac{x^2}{3}=\frac{x^2}{3}$$

所以，当 $\dfrac{x^2}{3}<1$，即 $|x|<\sqrt{3}$ 时，级数 $\sum\limits_{n=1}^{\infty}\dfrac{1}{3^n}x^{2n-1}$ 绝对收敛；当 $\dfrac{x^2}{3}>1$，即 $|x|>\sqrt{3}$ 时，级数 $\sum\limits_{n=1}^{\infty}\dfrac{1}{3^n}x^{2n-1}$ 发散.

根据收敛半径的定义知级数 $\sum\limits_{n=1}^{\infty}\dfrac{1}{3^n}x^{2n-1}$ 的收敛半径为 $R=\sqrt{3}$.

当 $x=\sqrt{3}$ 时，一般项为 $\dfrac{1}{3^n}(\sqrt{3})^{2n-1}=\dfrac{1}{\sqrt{3}}$，级数发散；当 $x=-\sqrt{3}$ 时，一般项为 $-\dfrac{1}{\sqrt{3}}$，级数也发散. 故级数 $\sum\limits_{n=1}^{\infty}\dfrac{1}{3^n}x^{2n-1}$ 的收敛域为 $(-\sqrt{3},\sqrt{3})$.

注：还可以将级数变形为 $\dfrac{1}{x}\sum\limits_{n=1}^{\infty}\dfrac{1}{3^n}x^{2n}$，再令 $u=x^2$，研究幂级数 $\sum\limits_{n=1}^{\infty}\dfrac{1}{3^n}u^n$ 的收敛半径和收敛域，最后得到 $\sum\limits_{n=1}^{\infty}\dfrac{1}{3^n}x^{2n-1}$ 的收敛域.

例 12.3.3　求幂级数 $\sum\limits_{n=1}^{\infty}10^{2n}(2x-3)^{2n-1}$ 的收敛域.

分析　此处直接套用收敛半径的计算公式.

解：因为 $\sum\limits_{n=1}^{\infty}10^{2n}(2x-3)^{2n-1}=\dfrac{1}{2}\sum\limits_{n=1}^{\infty}20^{2n}\left(x-\dfrac{3}{2}\right)^{2n-1}$，且

$$\lim_{n\to\infty}\left|\frac{u_{n+1}(x)}{u_n(x)}\right|=\lim_{n\to\infty}\left|\frac{10^{2n+2}(2x-3)^{2n+1}}{10^{2n}(2x-3)^{2n-1}}\right|=20^2\left(x-\frac{3}{2}\right)^2$$

所以，当 $20^2\left(x-\dfrac{3}{2}\right)^2<1$，即 $\left|x-\dfrac{3}{2}\right|<\dfrac{1}{20}=0.05$ 时，级数绝对收敛；当 $\left|x-\dfrac{3}{2}\right|>0.05$ 时，级数发散. 故幂级数 $\sum\limits_{n=1}^{\infty}10^{2n}(2x-3)^{2n-1}$ 的收敛区间为 $(1.45,1.55)$.

当 $\left|x-\dfrac{3}{2}\right|=0.05$ 时，原级数的一般项分别是 $u_n=-10$ 和 $u_n=10$，所以发散. 因此级数

$\sum\limits_{n=1}^{\infty} 10^{2n}(2x-3)^{2n-1}$ 的收敛域为 $(1.45, 1.55)$.

例 12.3.4 设 $a_0, a_1, a_2, \cdots$ 为一等差数列，且 $a_0 \neq 0$，求级数 $\sum\limits_{n=0}^{\infty} a_n x^n$ 的收敛域.

分析 先解出等差数列的一般表达式，然后直接套用收敛半径的计算公式.

解： 记 $a_0, a_1, a_2, \cdots$ 的公差为 d，则

$$a_n = a_0 + nd$$

所以

$$\lim_{n \to \infty}\left|\frac{a_{n+1}}{a_n}\right| = 1$$

因此收敛半径为 $R = 1$，又当 $x = \pm 1$ 时，级数成为 $\sum\limits_{n=0}^{\infty}(\pm 1)^n a_n$，$\lim\limits_{n \to \infty} a_n \neq 0$，所以 $\sum\limits_{n=0}^{\infty}(\pm 1)^n a_n$ 发散，于是级数 $\sum\limits_{n=0}^{\infty} a_n x^n$ 的收敛域为 $(-1, 1)$.

例 12.3.5 已知 $\sum\limits_{n=1}^{\infty}\dfrac{1}{n^2} = \dfrac{\pi^2}{6}$，$f(x) = \sum\limits_{n=1}^{\infty}\dfrac{x^n}{n^2}$，证明

$$f(x) + f(1-x) + \ln x \ln(1-x) = \frac{\pi^2}{6}$$

分析 此处考察幂级数的可导性及逐项求导公式.

证： 因为幂级数 $\sum\limits_{n=1}^{\infty}\dfrac{x^n}{n^2}$ 为 $[-1,1]$，所以函数 $f(x)$ 定义域是 $[-1, 1]$，函数 $f(1-x)$ 定义域是 $[0, 2]$.

令 $F(x) = f(x) + f(1-x) + \ln x \ln(1-x)$，则其定义域为 $(0, 1)$. 根据幂级数的可导性及逐项求导公式，得

$$f'(x) = \left(\sum_{n=1}^{\infty}\frac{x^n}{n^2}\right)' = \sum_{n=1}^{\infty}\frac{x^{n-1}}{n} = -\frac{1}{x}\ln(1-x)$$

$$f'(1-x) = \left(\sum_{n=1}^{\infty}\frac{(1-x)^n}{n^2}\right)' = -\sum_{n=1}^{\infty}\frac{(1-x)^{n-1}}{n}$$

$$= \frac{1}{1-x}\sum_{n=1}^{\infty}(-1)^{n-1}\frac{(x-1)^n}{n} = \frac{1}{1-x}\ln x$$

又

$$(\ln x \ln(1-x))' = \frac{1}{x}\ln(1-x) - \frac{1}{1-x}\ln x$$

所以

$$F'(x) = f'(x) + f'(1-x) + \left(\ln x \ln(1-x)\right)' = 0, \ x \in (0, 1)$$

因此 $F(x) = f(x) + f(1-x) + \ln x \ln(1-x) \equiv C, \ x \in (0, 1)$.

在上式两端令 $x \to 1^-$ 取极限, 得

$$C = \lim_{x \to 1^-} F(x)$$
$$= f(1) + f(0) + \lim_{x \to 1^-} \ln(1+(x-1))\ln(1-x)$$
$$= f(1) = \sum_{n=1}^{\infty} \frac{1}{n^2} = \frac{\pi^2}{6}$$

所以 $f(x) + f(1-x) + \ln x \ln(1-x) = \dfrac{\pi^2}{6}, x \in (0,1)$.

例 12.3.6 求幂级数 $\sum\limits_{n=1}^{\infty} (-1)^{n+1} n(n+1) x^n$ 在收敛区间 $(-1,1)$ 内的和函数 $S(x)$, 并求数

项级数 $\sum\limits_{n=1}^{\infty} (-1)^{n+1} \dfrac{n(n+1)}{2^n}$ 的和.

分析 利用幂级数在收敛区间内可以逐项积分和逐项微分.

解： 利用幂级数在收敛区间内可以逐项积分和逐项微分, 得

$$\int_0^x S(x)\mathrm{d}x = \sum_{n=1}^{\infty} \left(\int_0^x (-1)^{n+1} n(n+1) x^n \mathrm{d}x \right) \quad (|x|<1)$$
$$= \sum_{n=1}^{\infty} (-1)^{n+1} n x^{n+1} = \sum_{n=1}^{\infty} (-1)^{n+1} (x^n)' x^2$$
$$= x^2 \left(\sum_{n=1}^{\infty} (-1)^{n+1} x^n \right)'$$
$$= x^2 \left(\frac{x}{1+x} \right)' = \frac{x^2}{(1+x)^2}$$

将上式两端对上限 x 求导, 得

$$S(x) = \frac{2x}{(1+x)^3}, \quad |x|<1$$

令 $x = \dfrac{1}{2}$, 得

$$\sum_{n=1}^{\infty} (-1)^{n+1} \frac{n(n+1)}{2^n} = S\left(\frac{1}{2} \right) = \frac{8}{27}$$

例 12.3.7 求级数 $\sum\limits_{n=1}^{\infty} \dfrac{n^2}{n!}$ 的和.

分析 利用公式 $\mathrm{e}^x = \sum\limits_{n=0}^{\infty} \dfrac{x^n}{n!}$, $x \in (-\infty, +\infty)$ 考察.

解： 由于 $\mathrm{e}^x = \sum\limits_{n=0}^{\infty} \dfrac{x^n}{n!}$, $x \in (-\infty, +\infty)$.

对上式两边求导, 得

$$\mathrm{e}^x = \sum_{n=0}^{\infty} \frac{n}{n!} x^{n-1}$$

所以
$$xe^x = \sum_{n=0}^{\infty} \frac{n}{n!} x^n$$

此式两边再求导，得
$$xe^x + e^x = \sum_{n=0}^{\infty} \frac{n^2}{n!} x^{n-1}$$

在上式中令 $x = 1$，有
$$\sum_{n=1}^{\infty} \frac{n^2}{n!} = 2e$$

12.3.3　练习题

习题(基础训练)

1. 求下列幂级数的收敛区间

(1) $-x - \dfrac{x^2}{2} - \dfrac{x^3}{3} - \cdots - \dfrac{x^n}{n} - \cdots$;

(2) $\dfrac{x}{3} + \dfrac{2x^2}{3^2} + \dfrac{3x^3}{3^3} + \cdots + \dfrac{nx^n}{3^n} - \cdots$;

(3) $\dfrac{x}{3} + \dfrac{x^2}{2 \cdot 3^2} + \dfrac{x^3}{3 \cdot 3^3} + \dfrac{x^4}{4 \cdot 3^4} + \cdots + \dfrac{x^n}{n \cdot 3^n} + \cdots$;

(4) $1 + x + 2^2 x^2 + 3^3 x^3 + \cdots + n^n x^n + \cdots$;

(5) $\dfrac{x}{2} + \dfrac{x^2}{2 \cdot 4} + \dfrac{x^3}{2 \cdot 4 \cdot 6} + \cdots + \dfrac{x^n}{2 \cdot 4 \cdot 6 \cdots (2n)} + \cdots$.

2．利用逐项求导数或逐项求积分或逐项相乘的方法，求下列级数在收敛区间上的和函数.

(1) $\displaystyle\sum_{n=1}^{\infty} \dfrac{2n-1}{2^n} x^{2n-2}$;

(2) $x + \dfrac{x^3}{3} + \dfrac{x^5}{5} + \dfrac{x^7}{7} + \cdots$.

习题(能力提升)

1．求下列幂级数的收敛区间.

(1) $\displaystyle\sum_{n=1}^{\infty} (-1)^n \dfrac{x^{2n+1}}{2n+1}$;

(2) $\displaystyle\sum_{n=1}^{\infty} \dfrac{2n-1}{2^n} x^{2n-2}$;

(3) $\displaystyle\sum_{n=1}^{\infty} \dfrac{(x+1)^n}{n \cdot 3^n}$;

(4) $\displaystyle\sum_{n=1}^{\infty} (-1)^n \dfrac{x^n}{n^2} + \sum_{n=1}^{\infty} \dfrac{2^n x^n}{n^2+1}$;

2．利用逐项求导数或逐项求积分或逐项相乘的方法，求下列级数在收敛区间上的和函数.

(1) $\dfrac{x^2}{5}+\dfrac{x^9}{9}+\dfrac{x^{13}}{13}+\cdots$；

(2) $\dfrac{x^2}{1\cdot 2}+\dfrac{x^3}{2\cdot 3}+\dfrac{x^4}{3\cdot 4}+\cdots$；

(3) $1\cdot 2+2\cdot 3x+3\cdot 4x^2+4\cdot 5x^3+\cdots$.

12.4　函数的幂级数展开

12.4.1　重要知识点

1．泰勒级数

称 $f(x_0)+f'(x_0)(x-x_0)+\dfrac{f''(x_0)}{2!}(x-x_0)+\cdots+\dfrac{f^{(n)}(x_0)}{n!}(x-x_0)^n+\cdots$ 为 $f(x)$ 的泰勒级数，它的系数 $\dfrac{f^{(n)}(x_0)}{n!}$（$n=0,1,\cdots$）为泰勒级数.

2．定理

设函数 $f(x)$ 在点 x_0 的某一邻域 $U(x_0)$ 内有 $n+1$ 阶导数，则 $f(x)$ 在该邻域内能展开成泰勒级数的充分条件是 $f(x)$ 的泰勒级数公式中的余项 $R_n(x)$ 当 $n\to\infty$ 时的极限为零.

取 $x_0=0$ 时，称 $f(0)+f'(0)x+\dfrac{f''(0)}{2!}x^2+\cdots+\dfrac{f^{(n)}(0)}{n!}x^n$ 为函数 $f(x)$ 的麦克劳林级数.

3．函数展开成幂级数的直接方法

(1) 求 $f(x)$ 的各阶导数；

(2) 求 $f^{(n)}(0)(n=1,2,\cdots)$；

(3) 写出幂级数 $\sum\limits_{n=0}^{\infty} \dfrac{f^{(n)}(0)}{n!}x^n$，且求出 R；

(4) 考察余项 $R_n(x)$ 是否趋于零？如趋于零，则 $f(x)$ 在 $(-R,R)$ 内的幂级数展开式为

$$f(x) = f(0) + f'(0)x + \frac{f''(0)}{2!}x^2 + \cdots + \frac{f^{(n)}(0)}{n!}x^n + \cdots (-R < x < R).$$

例如，可用此法分别求出 e^x 和 $\sin x$ 的展开式：

$$e^x = 1 + x + \frac{x^2}{2!} + \cdots + \frac{x^n}{n!} + \cdots (-\infty < x < +\infty),$$

$$\sin x = x - \frac{x^3}{3!} + \frac{x^5}{5!} - \cdots + (-1)^{n-1}\frac{x^{2n-1}}{(2n-1)!} + \cdots (-\infty < x < +\infty).$$

4．函数展开成幂级数的间接方法

利用幂级数可以逐项求导，逐项积分进行．

例如，$\cos x = (\sin x)' = 1 - \dfrac{x^2}{2!} + \dfrac{x^4}{4!} + \cdots + (-1)^n\dfrac{x^{2n}}{(2n)!} + \cdots (-\infty < x < +\infty)$

注：必须熟记五个函数的幂级数展开式：e^x，$\sin x$，$\cos x$，$\ln(1+x)$，$(1+x)^m$．

12.4.2 典型题型解析

例 12.4.1 将函数 $\ln\dfrac{1-x^5}{1-x}$ 展开为 $x=0$ 处的幂级数．

分析 利用公式直接展开．

解：因为 $\ln(1+x) = \sum\limits_{n=1}^{\infty} \dfrac{(-1)^{n-1}}{n}x^n$，$x \in (-1,\ 1]$．

所以

$$\ln\frac{1-x^5}{1-x} = \ln(1-x^5) - \ln(1-x)$$

$$= \sum_{n=1}^{\infty}(-1)^{n-1}\frac{(-x^5)^n}{n} - \sum_{n=1}^{\infty}(-1)^{n-1}\frac{(-x)^n}{n}$$

$$= -\sum_{n=1}^{\infty}\frac{x^{5n}}{n} + \sum_{n=1}^{\infty}\frac{x^n}{n} \quad (-1 \leqslant x < 1).$$

例 12.4.2 将函数 $f(x) = \arctan\dfrac{2x}{1-x^2}$ 在 $x=0$ 点展开为幂级数．

分析 利用幂级数可以逐项积分进行．

解：因为

$$f'(x) = \frac{2}{1+x^2} = 2\sum_{n=0}^{\infty}(-1)^n x^{2n}, \quad (|x| < 1), \quad f(0) = 0$$

所以

$$f(x) = \int_0^x f'(t)\mathrm{d}t = 2\sum_{n=0}^{\infty}(-1)^n\int_0^x t^{2n}\mathrm{d}t = 2\sum_{n=0}^{\infty}\frac{(-1)^n}{2n+1}x^{2n+1} \quad (|x|<1)$$

例 12.4.3 将函数 $f(x) = \dfrac{x-1}{4-x}$ 在 $x_0 = 1$ 点展成幂级数，并求 $f^{(n)}(1)$.

分析 将 $f(x)$ 视为 $(x-1)\dfrac{1}{4-x}$，因此只需将 $\dfrac{1}{4-x}$ 展成 $\sum_{n=0}^{\infty}b_n(x-1)^n$ 即可.

解： 因为

$$\frac{1}{4-x} = \frac{1}{3-(x-1)} = \frac{1}{3}\frac{1}{1-\dfrac{x-1}{3}}$$

且

$$\frac{1}{1-x} = 1 + x + x^2 + \cdots + x^n + \cdots \quad |x|<1$$

所以

$$\frac{1}{4-x} = \frac{1}{3}\frac{1}{1-\dfrac{x-1}{3}} = \frac{1}{3}\left[1 + \frac{x-1}{3} + \frac{(x-1)^2}{3^2} + \cdots + \frac{(x-1)^n}{3^n} + \cdots\right]$$

于是

$$f(x) = \frac{x-1}{4-x} = \frac{1}{3}\left[(x-1) + \frac{(x-1)^2}{3} + \frac{(x-1)^3}{3^2} + \cdots + \frac{(x-1)^{n+1}}{3^n} + \cdots\right], \quad |x-1|<3$$

由于 $f(x)$ 的幂级数 $\sum_{n=0}^{\infty}a_n(x-1)^n$ 的系数 $a_n = \dfrac{f^{(n)}(1)}{n!}$，所以

$$f^{(n)}(1) = (n!)a_n = \frac{n!}{3^{n-1}}$$

12.4.3 练习题

习题(基础训练)

1. 将下列函数展开为 x 的幂级数，并指出其收敛域.

(1) e^{2x}；　　　　　　　　　　　　　　(2) $a^x(a>0$，且 $a \neq 1)$；

(3) $\sin \dfrac{x}{2}$;

(4) $\ln(a+x)$ $(a>0)$.

2. 将函数 $\sqrt{a^2+x^2}\,(a>0)$ 展开为 x 的幂级数，并指出其收敛半径.

习题(能力提升)

1. 将下列函数展开为 x 的幂级数，并指出其收敛域.

(1) $\sin^2 x\left[\text{提示}:\sin^2 x=\dfrac{1}{2}(1-\cos 2x)\right]$;

(2) $(1+x)\ln(1+x)$;

(3) $\displaystyle\int_0^x \dfrac{\mathrm{d}t}{1+t^4}$.

2. 将下列函数展开为 x 的幂级数，并指出其收敛半径.

(1) $\arcsin x$;

(2) $\ln(x + \sqrt{1 + x^2})$.

12.5　函数的幂级数展开式的应用

12.5.1　重要知识点

1．近似计算

略.

2．欧拉公式

复数项级数：设有复数项级数$(u_1+iv_1)+(u_2+iv_2)+\cdots+(u_n+iv_n)+\cdots$. 其中 u_n , v_n (n=1, 2, 3, $\cdots$)为实常数或实函数. 如果实部所成的级数 $u_1+u_2+\cdots+u_n+\cdots$收敛于和 u，并且虚部所成的级数 $v_1+v_2+\cdots+v_n+\cdots$收敛于和 v，就说复数项级数收敛且和为$u+iv$.

绝对收敛：如果级数$\sum\limits_{n=1}^{\infty}(u_n+iv_n)$的各项的模所构成的级数$\sum\limits_{n=1}^{\infty}\sqrt{u_n^2+v_n^2}$收敛，则称级数$\sum\limits_{n=1}^{\infty}(u_n+iv_n)$绝对收敛.

复变量指数函数：考察复数项级数$1+z+\dfrac{1}{2!}z^2+\cdots+\dfrac{1}{n!}z^n+\cdots$. 可以证明此级数在复平面上是绝对收敛的，在 x 轴上它表示指数函数 e^x，在复平面上我们用它来定义复变量指数函数，记为 e^z，即

$$e^z = 1 + z + \frac{1}{2!}z^2 + \cdots + \frac{1}{n!}z^n + \cdots.$$

欧拉公式：当 $x=0$ 时，$z=iy$，于是

$$e^{iy} = 1 + iy + \frac{1}{2!}(iy)^2 + \cdots + \frac{1}{n!}(iy)^n + \cdots$$

$$= 1 + iy - \frac{1}{2!}y^2 - i\frac{1}{3!}y^3 + \frac{1}{4!}y^4 + i\frac{1}{5!}y^5 - \cdots$$

$$= \left(1 - \frac{1}{2!}y^2 + \frac{1}{4!}y^4 - \cdots\right) + i\left(y - \frac{1}{3!}y^3 + \frac{1}{5!}y^5 - \cdots\right)$$

$$= \cos y + i\sin y.$$

把 y 定成 x 得 $e^{ix}=\cos x+i\sin x$，这就是欧拉公式.

复数的指数形式：

$$z = r(\cos\theta + i\sin\theta) = re^{i\theta}$$

其中 $r=|z|$ 是 z 的模，$\theta=\arg z$ 是 z 的辐角.

三角函数与复变量指数函数之间的联系：

因为 $e^{ix}=\cos x+i\sin x$，$e^{-ix}=\cos x-i\sin x$，所以

$$e^{ix}+e^{-ix}=2\cos x,\quad e^{x}-e^{-ix}=2i\sin x.$$

$$\cos x = \frac{1}{2}(e^{ix}+e^{-ix}),\quad \sin x = \frac{1}{2i}(e^{ix}-e^{-ix}).$$

这两个式子也叫作欧拉公式.

复变量指数函数的性质：

$$e^{z_1+z_2} = e^{z_1}\cdot e^{z_2}$$

特殊地，有 $e^{x+iy} = e^x e^{iy} = e^x(\cos y + i\sin y)$.

12.5.2 典型题型解析

例 12.5.1 用级数的展开式，近似计算下列各值.

(1) $\sqrt{e}$ (取前五项).　　　　　(2) $\sqrt[5]{1\cdot 2}$ (取前三项).

(3) $\sin 18°$ (取前两项).

分析 利用级数的展开式进行计算.

解： (1) $e^x = 1 + x + \frac{1}{2!}x^2 + \cdots + \frac{1}{n!}x^n + \cdots$

当 $x = \frac{1}{2}$ 时，得 $\sqrt{e}$ 得前五项为

$$\sqrt{e} = 1 + \frac{1}{2} + \frac{1}{8} + \frac{1}{48} + \frac{1}{384} = 1.6468;$$

(2) $\sqrt[5]{1\cdot 2} = \sqrt[5]{1+\frac{1}{5}}$，取前三项

利用 $(1+x)^{\frac{1}{5}} \approx 1 + \frac{1}{5}x + \frac{\frac{1}{5}\times\left(\frac{1}{5}-1\right)}{2!}x^2$

将 x 用 $\frac{1}{5}$ 代换，得 $\sqrt[5]{1\cdot 2} \approx 1 + \frac{1}{5}\times\frac{1}{5} + \frac{2}{25}\times\left(\frac{1}{5}\right)^2 = 1.0371;$

(3) $\sin x = x - \frac{1}{3}x^3 + \frac{1}{5}x^5 - \cdots + (-1)^n\frac{1}{(2n+1)!}x^{2n+1} + \cdots$

$$18° = \frac{\pi}{180}\times 18\,\text{rad} = \frac{\pi}{10}\,\text{rad}$$

取前三项，得 $\sin 18° \approx \frac{\pi}{10} - \frac{1}{3!}\left(\frac{\pi}{10}\right)^3 = 0.3090.$

12.5.3　练习题

习题(基础训练)

1．计算下列积分的近似值(计算前三项).

(1) $\int_{0}^{\frac{1}{2}} e^{x^2} dx$;

(2) $\int_{0}^{1} \frac{\sin x}{x} dx$;

(3) $\int_{0.1}^{1} \frac{e^x}{x} dx$.

12.6　傅里叶级数

12.6.1　重要知识点

1．定义

形如：

$$\frac{a_0}{2} + \sum_{n=1}^{\infty} \left(a_n \cos nx + b_n \sin nx \right)$$

的级数叫三角级数，其中 $a_0, a_n, b_n \left(n = 1, 2, 3, \cdots \right)$ 都是常数.

2．三角函数系的正交性

(1) 三角函数系.

$$1, \cos x, \sin x, \cos 2x, \sin 2x, \cdots, \cos nx, \sin nx, \cdots$$

(2) 三角函数系的正交性.

三角函数系中任何不同的两个函数的乘积在区间 $[-\pi, \pi]$ 上的积分等于零.

3. 函数展开成傅里叶级数

若以 2π 为周期的函数 $f(x)$ 可展为三角函数，即

$$f(x) = \frac{a_0}{2} + \sum_{k=1}^{\infty}(a_k \cos kx + b_k \sin kx)$$

于是得

$$a_0 = \frac{1}{\pi}\int_{-\pi}^{\pi}f(x)\mathrm{d}x$$

$$\begin{cases} a_n = \dfrac{1}{\pi}\displaystyle\int_{-\pi}^{\pi}f(x)\cos nx\mathrm{d}x(n=0,1,2,\cdots) \\ b_n = \dfrac{1}{\pi}\displaystyle\int_{-\pi}^{\pi}f(x)\sin nx\mathrm{d}x(n=1,2,\cdots) \end{cases}$$

4. Diriclilet 收敛定理

设 $f(x)$ 是周期为 2π 的周期函数，如果它满足：

(1) 在一个周期内连续或只有有限个第一类间断点；

(2) 在一个周期内至多只有有限个极值点，

则 $f(x)$ 的傅里叶级数收敛，且当 x 是 $f(x)$ 的连续点时，级数收敛于 $f(x)$；当 x 是 $f(x)$ 的间断点时，级数收敛于 $\frac{1}{2}[f(x-0)+f(x+0)]$.

5. 正弦级数和余弦级数

当 $f(x)$ 为奇函数时，$f(x)\cos nx$ 是奇函数，$f(x)\sin nx$ 是偶函数，故

$$a_0 = 0(n=0,1,2,3,\cdots)$$

$$b_n = \frac{2}{\pi}\int_0^{\pi}f(x)\sin nx\mathrm{d}x(n=1,2,3,\cdots) \qquad ①$$

即知奇函数的傅里叶级数是含有正弦项的正弦级数

$$\sum_{n=1}^{\infty}b_n \sin nx \qquad ②$$

当 $f(x)$ 为偶函数时，$f(x)\cos nx$ 是偶函数，$f(x)\sin nx$ 是奇函数，故

$$a_n = \frac{2}{\pi}\int_0^{\pi}f(x)\cos nx\mathrm{d}x(n=0,1,2,\cdots)$$

$$b_n = 0(n=1,2,3,\cdots) \qquad ③$$

即知偶函数的傅里叶级数是只含有常数项和余弦项的余弦级数

$$\frac{a_0}{2} + \sum_{n=1}^{\infty}a_n \cos nx \qquad ④$$

12.6.2 典型题型解析

例 12.6.1 将下列周期函数展开成傅里叶级数.

(1) $f(x) = \sin ax (-\pi \leqslant x < \pi)$ (a 为非整数的常数).

(2) $f(x) = \pi^2 - x^2 \quad (-\pi \leqslant x < \pi)$.

(3) $f(x) = x^3 \quad (-\pi \leqslant x < \pi)$.

分析 函数满足收敛定理的条件，将 $f(x) = \sin ax$ 代入傅里叶级数公式.

解： (1) 所给函数满足收敛定理的条件，将 $f(x) = \sin ax$ 代入傅里叶级数公式，因为 $f(x) = \sin ax$ 是奇函数，所以 $a_n = 0$，

$$
\begin{aligned}
b_n &= \frac{2}{\pi}\int_0^\pi f(x)\sin nx \mathrm{d}x = \frac{2}{\pi}\int_0^\pi \sin ax \cdot \sin nx \mathrm{d}x \\
&= \frac{2}{\pi}\int_0^\pi -\frac{\cos(a+n)x - \cos(a-n)x}{2}\mathrm{d}x \\
&= -\frac{1}{\pi}\left[\frac{1}{a+n}\sin(a+n)x\Big|_0^\pi - \frac{1}{a-n}\sin(a-n)x\Big|_0^\pi\right] \\
&= -\frac{1}{\pi}\left[\frac{1}{a+n}\sin(a+n)\pi - \frac{1}{a-n}\sin(a-n)\pi\right] \\
&= -\frac{1}{\pi}\left[\frac{\sin a\pi \cdot (-1)^n}{a+n} - \frac{\sin a\pi \cdot (-1)^n}{a-n}\right] \\
&= \frac{2n\sin \pi a}{\pi(a^2 - n^2)}(-1)^n
\end{aligned}
$$

因为 $f(-\pi+0) \neq f(\pi-0)$，作为延续的周期函数，在端点不连续，收敛于 $\dfrac{f(-\pi+0)+f(\pi-0)}{2} = \dfrac{\sin(-\pi a)+\sin \pi a}{2} = 0$，所以，$f(x) = \sin ax$ 的傅里叶级数展开式为

$$
f(x) = \frac{2\sin \pi a}{\pi}\sum_{n=1}^\infty \frac{(-1)^n n \sin nx}{a^2 - n^2}, \quad x \in (-\infty, +\infty)
$$

(2) 所给函数满足收敛定理的条件，将 $f(x) = \pi^2 - x^2$ 代入傅里叶级数系数公式，因为 $f(x) = \pi^2 - x^2$ 是偶函数，所以 $b_n = 0$，

$$
\begin{aligned}
a_0 &= \frac{2}{\pi}\int_0^\pi f(x)\mathrm{d}x = \frac{2}{\pi}\int_0^\pi (\pi^2 - x^2)\mathrm{d}x \\
&= \frac{2}{\pi}\left(\pi^3 - \frac{1}{3}\pi^3\right) = \frac{3}{4}\pi^2 \\
a_n &= \frac{2}{\pi}\int_0^\pi f(x)\cos nx \mathrm{d}x = \frac{2}{\pi}\int_0^\pi (\pi^2 - x^2)\cos nx \mathrm{d}x \\
&= \frac{2}{\pi}\left[\int_0^\pi \pi^2 \cos nx \mathrm{d}x - \int_0^\pi x^2 \cos nx \mathrm{d}x\right] \\
&= \frac{2}{\pi}\left[\frac{\pi^2}{n}\sin nx\Big|_0^\pi - \frac{1}{n}\int_0^\pi x^2 \mathrm{d}(\sin nx)\right]
\end{aligned}
$$

$$= \frac{2}{\pi}\left[0 - \frac{1}{n}\left(x^2\sin nx\Big|_0^\pi - \int_0^\pi \sin nx\mathrm{d}x^2\right)\right]$$

$$= \frac{2}{\pi}\left[0 + \frac{1}{n}\int_0^\pi \sin nx\cdot 2x\mathrm{d}x\right]$$

$$= -\frac{4}{\pi n^2}\int_0^\pi x\mathrm{d}(\cos nx)$$

$$= -\frac{4}{\pi n^2}\left[x\cos nx\Big|_0^\pi - \frac{1}{n}\int_0^\pi \cos nx\mathrm{d}(nx)\right]$$

$$= -\frac{4}{\pi n^2}\pi\cos n\pi$$

$$= -\frac{4}{n^2}(-1)^n = \frac{4}{n^2}(-1)^{n+1}$$

因为 $f(-\pi+0) = f(\pi-0)$，作为延续的周期函数，在端点是连续的，所以 $f(x) = (\pi^2 - x^2)$ 的傅里叶级数展开式为

$$f(x) = \frac{a_0}{2} + \sum_{n=1}^\infty a_n\cos nx$$

$$= \frac{2}{3}\pi^2 + 4\sum_{n=1}^\infty \frac{(-1)^{n+1}}{n^2}\cos x, \qquad x\in(-\infty, +\infty)$$

(3) 所给函数满足收敛定理的条件，$f(x) = x^3$ 是奇函数，所以 $a_n = 0$

$$b_n = \frac{2}{\pi}\int_0^\pi f(x)\sin nx\mathrm{d}x = \frac{2}{\pi}\int_0^\pi x^3\sin nx\mathrm{d}x$$

$$= \frac{2}{\pi}\left(-\frac{1}{n}\right)\int_0^\pi x^3\mathrm{d}(\cos nx)$$

$$= -\frac{2}{\pi n}\left[x^3\cos nx\Big|_0^\pi - \int_0^\pi \cos nx\mathrm{d}x^3\right]$$

$$= -\frac{2}{\pi n}\left[\pi^3\cos n\pi - 3\int_0^\pi \cos nx\cdot x^2\mathrm{d}x\right]$$

$$= -\frac{2\pi^2}{n}(-1)^n + \frac{6}{\pi n^2}\int_0^\pi x^2\mathrm{d}(\sin nx)$$

$$= -\frac{2\pi^2}{n}(-1)^n + \frac{6}{\pi n^2}\left[0 - 2\int_0^\pi x\sin nx\mathrm{d}x\right]$$

$$= -\frac{2\pi^2}{n}(-1)^n + \frac{12}{\pi n^3}\int_0^\pi x\mathrm{d}(\cos nx)$$

$$= -\frac{2\pi^2}{n}(-1)^n + \frac{12}{\pi n^3}\left(\pi\cos n\pi - 0 - \frac{1}{n}\sin nx\Big|_0^\pi\right)$$

$$= -\frac{2\pi^2}{n}(-1)^n + \frac{12}{n^3}(-1)^n = 2(-1)^n\left(\frac{6}{n^3} - \frac{\pi^2}{n}\right)$$

因为 $f(-\pi+0) \neq f(\pi-0)$，作为延续的周期函数，在断点不连续，收敛于 $\frac{f(-\pi+0)+f(\pi-0)}{2} = \frac{-\pi^3+\pi^3}{2} = 0$，所以 $f(x) = x^3$ 的傅里叶展开式为

$$f(x) = 2\sum_{n=1}^{\infty}(-1)^n\left(\frac{6}{n^3} - \frac{\pi^2}{n}\right)\sin nx , \quad (-\infty < x < +\infty, \ x \neq (2k+1)\pi, \ k \in \mathbf{Z}) .$$

例 12.6.2　将函数 $f(x) = \pi - x(0 \leqslant x \leqslant \pi)$ 分别展开成正弦级数和余弦级数.

分析　分别将 $f(x)$ 补充为奇函数和偶函数，然后代入傅里叶级数公式.

解：(1) 先求正弦级数，将 $f(x)$ 补充为奇函数.

$$F(x) = \begin{cases} f(x), 0 \leqslant x \leqslant \pi \\ -f(x), -\pi \leqslant x \leqslant 0 \end{cases} \quad 即 \quad F(x) = \begin{cases} \pi - x, 0 \leqslant x \leqslant \pi \\ -\pi + x, -\pi \leqslant x \leqslant 0 \end{cases}$$

$a_n = 0$，只有 b_n.

$$\begin{aligned} b_n &= \frac{2}{\pi}\int_0^{\pi} f(x)\sin nx \mathrm{d}x = \frac{2}{\pi}\int_0^{\pi}(\pi - x)\sin nx \mathrm{d}x \\ &= \frac{2}{\pi}\int_0^{\pi}\pi\sin nx \mathrm{d}x - \frac{2}{\pi}\int_0^{\pi}x\sin nx \mathrm{d}x \\ &= -\frac{2}{n}\cos nx\Big|_0^{\pi} + \frac{2}{n\pi}\int_0^{\pi}x\mathrm{d}(\cos nx) \\ &= -\frac{2}{n}(\cos nx - 1) + \frac{2}{n\pi}\left[x\cos nx\Big|_0^{\pi} - \int_0^{\pi}\cos nx \mathrm{d}x\right] \\ &= -\frac{2}{n}[(-1)^n - 1] + \frac{2}{n}(-1^n) = \frac{2}{n} \end{aligned}$$

所以 $f(x)$ 展开成正弦级数为

$$f(x) = \sum_{n=1}^{\infty} b_n \sin nx = 2\sum_{n=1}^{\infty}\frac{1}{n}\sin nx$$

在端点 $x = 0$ 时，级数之和不能代表原函数；$x = \pi$ 时，级数之和能够代表原函数，所以 $x \in (0, \pi)$

(2) 再求余弦函数，将 $f(x)$ 补充为偶函数.

$$F(x) = \begin{cases} f(x), 0 \leqslant x \leqslant \pi \\ f(-x), -\pi \leqslant x \leqslant 0 \end{cases} \quad 即 \quad F(x) = \begin{cases} \pi - x, 0 \leqslant x \leqslant \pi \\ \pi + x, -\pi \leqslant x \leqslant 0 \end{cases}$$

$b_n = 0$，只有 a_0，a_n.

$$a_0 = \frac{2}{\pi}\int_0^{\pi}(\pi - x)\mathrm{d}x = \frac{2}{\pi}\left[\pi x - \frac{1}{2}x^2\right]_0^{\pi} = \pi$$

$$\begin{aligned} a_n &= \frac{2}{\pi}\int_0^{\pi} f(x)\cos nx \mathrm{d}x = \frac{2}{\pi}\int_0^{\pi}(\pi - x)\cos nx \mathrm{d}x \\ &= \frac{2}{\pi}\int_0^{\pi}\pi\cos nx \mathrm{d}x - \frac{2}{\pi}\int_0^{\pi}x\cos nx \mathrm{d}x \\ &= \frac{2}{n}\sin nx\Big|_0^{\pi} - \frac{2}{\pi}\frac{1}{n}\int_0^{\pi}x\mathrm{d}(\sin nx) \\ &= -\frac{2}{\pi n^2}(\cos n\pi - 1) = \frac{2}{\pi n^2}[1 - (-1)^n] \end{aligned}$$

$$= \begin{cases} 0, n = 2m \\ \dfrac{4}{\pi(2m-1)^2}, n = 2m-1 \end{cases}$$

所以 $f(x)$ 展开成余弦级数为

$$f(x) = \frac{a_0}{2} + \sum_{n=1}^{\infty} a_n \cos nx = \frac{\pi}{2} + \frac{4}{\pi} \sum_{n=1}^{\infty} \frac{1}{(2m-1)^2} \cos(2m-1)x, \quad x \in [0, \pi]$$

12.6.3　练习题

习题(基础训练)

1. 填空题.

(1) 若 $f(x)$ 在 $[-\pi, \pi]$ 上满足收敛定理的条件，则在连续点 x_0 处它的傅里叶级数收敛到_____.

(2) 设周期函数 $f(x) = \dfrac{x}{2}(-\pi \leqslant x < \pi)$，则它的傅里叶系数 $a_0 = $ _____，$a_n = $ _____ ，　$b_1 = $ _____ ，　$b_n = $ _____.

(3) 用周期为 2π 的函数 $f(x)$ 的傅里叶系数公式，求周期为 l 的函数 $g(t)$ 的傅里叶级数，应作代换 $t = $ _____.

2. 把下列周期函数展开成傅里叶级数.

(1) $u(t) = \begin{cases} 0, & -\pi \leqslant t < 0 \\ 1, & 0 \leqslant t < \pi \end{cases}$;

(2) $f(x) = \begin{cases} x-1, & -\pi \leqslant x < 0 \\ x+1, & 0 \leqslant x < \pi \end{cases}$;

(3) $f(t) = \begin{cases} \pi+t, & -\pi \leqslant t < 0 \\ \pi-t, & 0 \leqslant t < \pi \end{cases}$;

(4) $f(x) = \cos\dfrac{x}{2} \quad (-\pi \leqslant x < \pi)$.

习题(能力提升)

1. 把函数 $f(x) = \begin{cases} -\dfrac{\pi}{4}, & -\pi \leqslant x < 0 \\[2mm] \dfrac{\pi}{4}, & 0 \leqslant x \leqslant \pi \end{cases}$　展开成傅里叶级数，并由它导出：

(1)　$\dfrac{\pi}{4} = 1 - \dfrac{1}{3} + \dfrac{1}{5} - \dfrac{1}{7} + \cdots$;

(2)　$\dfrac{\sqrt{3}}{6}\pi = 1 - \dfrac{1}{5} + \dfrac{1}{7} - \dfrac{1}{9} - \dfrac{1}{11} + \dfrac{1}{13} + \cdots$.

2. 将下面波形的函数展开成傅里叶级数.

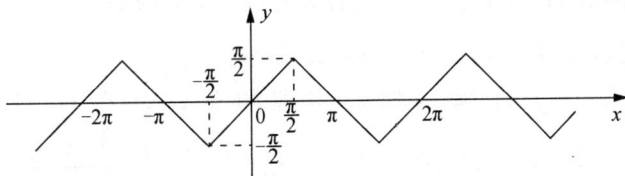

12.7　周期为 $2l$ 的周期函数的傅里叶级数

12.7.1　重要知识点

设周期为 $2l$ 的周期函数 $f(x)$ 满足收敛定理的条件，则它的傅里叶级数的展开式为：

$$f(x) = \frac{a_0}{2} + \sum_{n=1}^{\infty}\left(a_n \cos\frac{n\pi x}{l} + b_n \sin\frac{n\pi x}{l}\right)$$

其中

$$a_n = \frac{1}{l}\int_{-l}^{l} f(x)\cos\frac{n\pi x}{l}\,\mathrm{d}x, (n = 0,1,2,\cdots)$$

$$b_n = \frac{1}{l}\int_{-l}^{l} f(x)\sin\frac{n\pi x}{l}\,\mathrm{d}x, (n = 1,2,\cdots)$$

(只需作变量代换 $z = \dfrac{\pi x}{l}$).

(1) 当 $f(x)$ 为奇函数时， $f(x) = \displaystyle\sum_{n=1}^{\infty} b_n \sin \dfrac{n\pi x}{l}$ ，其中

$$b_n = \frac{2}{l} \int_0^l f(x) \sin \frac{n\pi x}{l} \, \mathrm{d}x (n = 1, 2, \cdots)$$

(2) 当 $f(x)$ 为偶函数时， $f(x) = \dfrac{a_0}{2} + \displaystyle\sum_{n=1}^{\infty} a_n \cos \dfrac{n\pi x}{l}$ ，其中

$$a_n = \frac{2}{l} \int_0^l f(x) \cos \frac{n\pi x}{l} \, \mathrm{d}x (n = 0, 1, 2, \cdots)$$

(3) 当 $f(x)$ 定义在 $[0, l]$ 上时，要先对 $f(x)$ 进行奇偶延拓，再周期延拓可将 $f(x)$ 展开成正弦级数或余弦级数.

12.7.2 典型题型解析

例 12.7.1 将函数 $f(x) = \mathrm{e}^x (-1 \leqslant x \leqslant 1)$ 展开成傅里叶级数.

分析 利用收敛定理将一般周期函数展成傅里叶级数.

解： 这里 $l = 1$ ， $f(x)$ 满足收敛定理的条件，在 $(-1, 1)$ 内连续，由于 $f(-1+0) \neq f(1-0)$ ，作为延续的周期函数，在端点收敛于 $\dfrac{f(-1+0) + f(1-0)}{2} = \dfrac{\mathrm{e}^{-1} + \mathrm{e}}{2}$ ：

$$a_0 = \frac{1}{1} \int_{-1}^1 f(x) \mathrm{d}x = \int_{-1}^1 \mathrm{e}^x \mathrm{d}x = \mathrm{e}^x \Big|_{-1}^1 = \mathrm{e} - \mathrm{e}^{-1}$$

$$a_n = \frac{1}{1} \int_{-1}^1 f(x) \cos \frac{n\pi x}{1} \mathrm{d}x = \int_{-1}^1 \mathrm{e}^x \cos n\pi x \mathrm{d}x$$

$$= \frac{1}{n\pi} \int_{-1}^1 \mathrm{e}^x \mathrm{d}(\sin n\pi x) = \frac{1}{n\pi} \left[\mathrm{e}^x \sin n\pi x \Big|_{-1}^1 - \int_{-1}^1 \sin n\pi x \mathrm{d}\mathrm{e}^x \right]$$

$$= \frac{1}{n\pi} \left[0 - 0 - \int_{-1}^1 \mathrm{e}^x \sin n\pi x \mathrm{d}x \right] = \frac{1}{n^2\pi^2} \int_{-1}^1 \mathrm{e}^x \mathrm{d} \cos n\pi x$$

$$= \frac{1}{n^2\pi^2} \left[\mathrm{e}^x \cos n\pi x \Big|_{-1}^1 - \int_{-1}^1 \mathrm{e}^x \cos n\pi x \mathrm{d}x \right]$$

$$= -\frac{1}{n^2\pi^2} \int_{-1}^1 \mathrm{e}^x \cos n\pi x \mathrm{d}x + \frac{1}{n^2\pi^2} (\mathrm{e} - \mathrm{e}^{-1}) \cos n\pi$$

所以

$$a_n = \frac{\dfrac{1}{n^2\pi^2} (\mathrm{e} - \mathrm{e}^{-1}) \cos n\pi}{1 + \dfrac{1}{n^2\pi^2}} = \frac{(\mathrm{e} - \mathrm{e}^{-1})(-1)^n}{1 + n^2\pi^2}$$

$$b_n = \frac{1}{1} \int_{-1}^1 f(x) \sin \frac{n\pi x}{1} \mathrm{d}x = -\frac{1}{n\pi} \int_{-1}^1 \mathrm{e}^x \mathrm{d}(\cos n\pi x)$$

$$= -\frac{1}{n\pi} \left[\mathrm{e}^x \cos n\pi x \Big|_{-1}^1 - \int_{-1}^1 \cos n\pi x \mathrm{d}\mathrm{e}^x \right]$$

$$= -\frac{1}{n\pi} (\mathrm{e} - \mathrm{e}^{-1}) \cos n\pi + \frac{1}{n^2\pi^2} \int_{-1}^1 \mathrm{e}^x \mathrm{d} \sin n\pi x$$

$$= -\frac{1}{n\pi}(e - e^{-1})(-1)^n - \frac{1}{n^2\pi^2}\int_{-1}^{1} e^x \sin n\pi x dx$$

所以
$$b_n = \frac{-\dfrac{1}{n\pi}(e - e^{-1})(-1)^n}{1 + \dfrac{1}{n^2\pi^2}} = -\frac{n\pi(e - e^{-1})(-1)^n}{1 + n^2\pi^2}$$

故 $f(x)$ 的傅里叶级数展开式为

$$f(x) = (e - e^{-1})\left[\frac{1}{2} + \sum_{n=1}^{\infty}\frac{(-1)^n}{1 + n^2\pi^2}(\cos n\pi x - n\pi \sin n\pi x)\right], \quad x \in (-1, 1)$$

例 12.7.2　设 $f(x)$ 是周期为 2 的周期函数，且 $f(x) = \begin{cases} x, & 0 \leqslant x \leqslant 1, \\ 0, & 1 < x < 2 \end{cases}$，写出 $f(x)$ 的傅

里叶级数与其和函数，并求级数 $\sum_{n=0}^{\infty}\dfrac{1}{(2n+1)^2}$ 的和.

分析　利用收敛定理将一般周期函数展成傅里叶级数.

解：根据傅里叶系数的计算公式，得

$$a_n = \int_0^2 f(x)\cos n\pi x dx$$
$$= \int_0^1 x\cos n\pi x dx$$
$$= \frac{(-1)^n - 1}{n^2\pi^2}, (n = 1, 2, 3, \cdots)$$
$$a_0 = \int_0^2 f(x)dx = \int_0^1 x dx = \frac{1}{2}$$
$$b_n = \int_0^2 f(x)\sin n\pi x dx$$
$$= \int_0^1 x\sin n\pi x dx$$
$$= \frac{(-1)^{n+1}}{n\pi}, (n = 1, 2, 3, \cdots)$$

所以 $f(x)$ 的傅里叶级数为

$$\frac{1}{4} + \sum_{n=1}^{\infty}\frac{1}{n\pi}\left[\frac{(-1)^n - 1}{n\pi}\cos n\pi x + (-1)^{n+1}\sin n\pi x\right]$$

其和函数的周期为 2，且

$$S(x) = \begin{cases} x, & 0 \leqslant x < 1 \\ \dfrac{1}{2}, & x = 1 \\ 0, & 1 < x < 2 \end{cases}.$$

令 $x = 0$，得

$$S(0) = \frac{1}{4} + \sum_{n=1}^{\infty}\frac{1}{n\pi}\left[\frac{(-1)^n - 1}{n\pi}\right] = \frac{1}{4} - \sum_{n=0}^{\infty}\frac{2}{(2n+1)^2\pi^2}, \quad \text{且 } S(0) = 0$$

所以

$$\sum_{n=0}^{\infty}\frac{1}{(2n+1)^2}=\frac{\pi^2}{8}$$

12.7.3　练习题

习题(基础训练)

1. 周期为 l 的函数 $f(x)$ 的傅里叶系数 $a_0=$ _____，　$a_n=$ _____，　$b_n=$ _____.

2. 把下列周期函数展开成傅里叶级数.

(1) $f(x)=\begin{cases}-1, & -2\leqslant x<-1\\ x, & -1\leqslant x<1\\ 1, & 1\leqslant x<2\end{cases}$;　　　　　(2) $f(x)=1-x^2, \quad -\dfrac{1}{2}\leqslant x<\dfrac{1}{2}$.

3. 将 $f(x)=x^2(0\leqslant x\leqslant 1)$ ，展开成正弦级数和余弦级数.

习题(能力提升)

1. 把周期函数 $f(x)=\begin{cases}-\dfrac{x}{2}, & -2\leqslant x<0\\ 1, & 0\leqslant x<2\end{cases}$ 展开成傅里叶级数.

2．将 $q(t) = \begin{cases} -t, & 0 \leqslant x < \dfrac{T}{4} \\ -\dfrac{T}{4}, & \dfrac{T}{4} \leqslant t \leqslant \dfrac{T}{2} \end{cases}$ 分别展开成正弦型级数和余弦型级数.

3．将 $f(x) = 1 - x^2 \left(0 \leqslant x \leqslant \dfrac{1}{2} \right)$ 分别展开成正弦型级数和余弦型级数.

参 考 文 献

[1] 杨宏. 高等数学[M]. 2版. 上海：同济大学出版社，2013.

[2] 同济大学应用数学系. 高等数学[M]. 5版. 北京：高等教育出版社，2002.

[3] 华东师范大学数学系. 高等数学习题与解答[M]. 上海：华东师范大学出版社，2010.

[4] 杨金远，潘淑平. 高等数学习题课教程[M]. 北京：化学工业出版社，2009.

[5] 白淑岩. 应用高等数学[M]. 北京：清华大学出版社，2012.

[6] 于龙文，路永洁，宋岱才等. 高等数学学习指导与习题解析[M]. 北京：化学工业出版社，2008.

[7] 天津大学考研数学应试研究会. 硕士研究生入学考试数学复习指导[M]. 天津：天津大学出版社，2006.

[8] 河北科技大学理学院数学系. 高等数学同步学习指导[M]. 北京：清华大学出版社，2013.

[9] 青岛科技大学数学系. 高等数学学习指导[M]. 北京：国防工业出版社，2010.